BIBLIOTHÈQUE RÉTROSPECTIVE

Harvey

TRAITÉ SUR LES MOUVEMENTS DU COEUR ET DU SANG CHEZ LES ANIMAUX

1578-1657

G. MASSON

120, Boulevard Saint-Germain

BIBLIOTHÈQUE RÉTROSPECTIVE

PUBLIÉE SOUS LA DIRECTION DE

M. CHARLES RICHET

Professeur à la Faculté de médecine de Paris

LES MAITRES DE LA SCIENCE

HARVEY

Traité anatomique sur les mouvements
du cœur et du sang chez les animaux.

PARIS

G. MASSON, ÉDITEUR

LIBRAIRE DE L'ACADÉMIE DE MÉDECINE

120, BOULEVARD SAINT-GERMAIN

1892

AVANT-PROPOS

Nous devons expliquer en quelques mots le but et la portée de cette publication.

Nous l'avons appelée « Bibliothèque scientifique rétrospective », parce que notre intention est double : d'une part, nous voulons que cette Bibliothèque soit franchement scientifique, avec des faits et des détails utiles encore à connaître aujourd'hui ; et, d'autre part, nous avons l'intention de n'admettre que des travaux devenus absolument classiques et consacrés par l'admiration universelle.

A notre époque, en cette fièvre de production hâtive, on se dispense trop d'avoir recours aux auteurs originaux. Une analyse, presque toujours inexacte et toujours insuffisante, voilà ce que demandent le lecteur superficiel, l'étudiant, et même le professeur. Quant à se reporter aux ouvrages fondamentaux et originaux, on n'y pense guères, et peut-être n'y pense-t-on pas parce que rien n'est plus pénible que d'aller consulter les vieux documents bibliographiques.

Ainsi, pour prendre l'exemple du premier ouvrage que nous publions ici, il n'est pas facile de pouvoir lire Lavoisier dans la forme originale. La grande publication in-quarto du ministère de l'Instruction publique est fort coûteuse, et d'ailleurs à l'heure actuelle elle est tout à fait épuisée. Quant aux mémoires de l'Académie des sciences, qui donc peut les avoir chez soi ? Alors, comme on ne peut lire Lavoisier que dans les bibliothèques publiques, on ne le lit pas, ce qui est bien simple et à la portée de tout le monde. Il s'ensuit que presque personne n'a lu Lavoisier; et c'est assurément grand dommage.

Nous voulons changer, dans la faible mesure de nos forces, cet état de choses. Il faut que tout étudiant, tout travailleur, puisse connaître les maîtres de la science autrement que par des citations de dixième main. Pour être un homme de bonne société, il faut fréquenter les gens de bonne société : eh bien ! pour apprendre à penser, il faut fréquenter ceux qui ont pensé profondément, ceux qui, par leur pénétration, ont régénéré la science et ouvert des voies nouvelles.

Un manuel, c'est un très bon livre et probablement
un livre nécessaire; mais il faut sortir du manuel, et
le meilleur moyen d'en sortir c'est de se reporter aux
ouvrages des maîtres. Que dirait-on d'un peintre qui
ne voudrait étudier les tableaux de Rubens ou de Ra-
phaël que d'après des photographies? Encore les photographies donnent-elles d'un tableau une image plus
exacte que l'analyse d'un mémoire de Lavoisier, de
Lamarck, ou de Harvey, ou de Bichat, ne fait connaître la pensée de Lavoisier, ou de Lamarck, ou de
Harvey, ou de Bichat.

Nous n'avons pas voulu faire de cette publication
une œuvre de luxe. Nous avons préféré la mettre à la
portée de tout le monde. Le prix de chacun de ces
petits volumes est tout à fait modique, si bien que
chaque étudiant, pour une dizaine de francs, va pouvoir posséder à peu près tout ce qu'il a besoin de connaître en effet de science parmi les auteurs passés. Si
cela lui donne le goût d'en lire davantage, et d'aller
consulter les œuvres complètes, et non les fragments
étendus que nous donnons, rien de mieux; mais ce
sera un vrai luxe d'érudition, voire même un luxe
assez rare, et notre Bibliothèque rétrospective sera,
croyons-nous, suffisante pour la grande majorité des
jeunes gens.

Quoique l'édition soit à très bas prix, nous n'avons
rien négligé pour la rendre correcte. Je tiens à remer-

cier mon ami M. Alexis Julien, qui m'a assisté dans mon entreprise, ainsi que les imprimeurs et les éditeurs qui y ont donné tous les soins nécessaires.

Les premiers volumes sont surtout consacrés aux sciences biologiques et médicales. Plus tard nous espérons l'étendre à d'autres sciences ; nous pourrons aussi, sans doute, au lieu d'extraits de livres, donner des extraits des mémoires les plus importants qui, dans le passé de la science, on fait époque. Mais au début nous donnerons seulement les grands écrivains scientifiques de la biologie : Lavoisier, Harvey, Bichat, Haller, Lamarck, Laënnec, Legallois, Hunter et William Edwards.

CHARLES RICHET.

HARVEY

(1578-1657)

W. Harvey, né à Folkestone, en Angleterre, a le premier démontré la circulation du sang par des expériences irréprochables et saisissantes. Avant lui, Michel Servet, Colombo, Césalpin, avaient indiqué des faits importants que les anciens ne connaissaient pas; mais la circulation du sang n'était pas définitivement établie : passage du sang du cœur aux artères, des artères aux capillaires, des capillaires aux veines, des veines au cœur droit, du cœur droit au poumon et du poumon au cœur gauche.

Les expériences de Harvey sont très simples ; il regarde le cœur qui se contracte, suppute la quantité de sang qui passe en un moment donné dans les artères, voit les veines qui se vident du côté du cœur, dans le sens centripète, et il en déduit la circulation.

La vie de Harvey peut se résumer en quelques mots. Il fit ses études médicales à Canterbury près de Cambridge. En 1598, âgé de vingt ans, il alla à Padoue, où il suivit les leçons du célèbre Fabrice d'Acquapendente. Il y resta quatre ans, puis retourna à Londres, et enseigna l'anatomie au Collège Royal. Dès 1615, il professait déjà la circulation du sang. Il mourut en 1657.

ŒUVRES PRINCIPALES

De motu cordis et sanguinis in animalibus. (Francfort, 1628.) Ce livre, écrit en latin, a été traduit en anglais par Robert Willis (Londres,1847), et en français par M. Ch. Richet. (Paris, Masson, 1879.) — C'est cette traduction que nous donnons ici.

Exercitationes de generatione animalium. (Londres, 1651.)

TRAITÉ ANATOMIQUE

SUR LES

MOUVEMENTS DU CŒUR ET DU SANG

CHEZ LES ANIMAUX

CHAPITRE PREMIER

DES RAISONS QUI ONT POUSSÉ L'AUTEUR
À ÉCRIRE CE LIVRE

Ayant eu l'occasion de faire de nombreuses vivisections, j'ai été amené d'abord à étudier les fonctions du cœur et son rôle chez les animaux en observant les faits, et non en étudiant les ouvrages des divers auteurs, et j'ai vu tout de suite que la question était ardue et hérissée de difficultés, en sorte que je pensais presque, comme Frascator, que le mouvement du cœur n'était connu que de Dieu seul. En effet la rapidité des mouvements cardiaques ne permet pas de distinguer comment se fait la systole, comment la diastole ; à quel moment, en quelle partie, il y a dilatation ou constriction. Chez beaucoup d'animaux, en un clin d'œil, comme un éclair, le cœur apparaît, puis se dérobe aussitôt à la vue, en sorte que je croyais voir ici la systole, là la diastole, puis des mouvements tout opposés, partout la diversité et la confusion. Mon esprit flottait incertain : je ne savais ce que je devais penser, ce que je devais accepter de l'opinion des divers auteurs, et je ne m'étonnais pas de la comparaison d'André Dulaurens, qui dit que le mouvement du cœur nous est aussi inconnu que le flux et le reflux de l'Euripe à Aristote.

Enfin, en examinant chaque jour avec plus d'attention et de patience les mouvements du cœur chez les divers animaux vivants, j'ai réuni beaucoup d'observations, et j'ai pensé avoir réussi à me dégager de ce labyrinthe inextricable et à connaître ce que je désirais savoir, le mouvement et les fonctions du cœur et des artères. Aussi n'ai-je pas craint d'exposer mon opinion sur ce sujet, non seulement en particulier à mes amis, mais encore en public, dans mes leçons anatomiques.

Naturellement ma théorie a plu aux uns, a déplu aux autres ; ceux-ci m'attaquant vivement et me reprochant de m'écarter des préceptes et des doctrines de tous les anatomistes ; ceux-là affirmant que la doctrine nouvelle était digne de recherches plus approfondies, et demandant à ce qu'une explication plus détaillée leur en soit donnée. Mes amis me suppliaient de faire profiter tout le monde de mes recherches, et d'un autre côté mes ennemis, poursuivant mes écrits de leur injuste haine et ne comprenant pas mes paroles, s'efforçaient de provoquer des discussions publiques pour faire juger ma doctrine et moi-même. Voilà comment j'ai été presque contraint à faire imprimer ce livre. Je l'ai fait d'autant plus volontiers que Jérôme Fabricius d'Acquapendente, ayant décrit avec soin dans un savant traité les parties du corps des animaux, a parlé de tout, excepté du cœur. Enfin, j'ai espéré que, si je suis dans le vrai, mon œuvre sera de quelque profit pour la science et que ma vie n'aura pas été tout à fait inutile. Je rappellerai cette phrase du vieillard dans la comédie : « Jamais personne ne peut vivre avec une raison si parfaite que les choses, les années, les événements ne lui apprennent du nouveau. On finit par voir qu'on ignorait ce qu'on croyait connaître, et l'expérience fait rejeter les opinions d'autrefois. »

Peut-être pareille chose arrivera-t-elle pour le mouvement du cœur, peut-être au moins d'autres, profitant de la voie ouverte, et plus heureusement doués, saisiront l'occasion d'étudier mieux la question et de faire de meilleures recherches.

CHAPITRE II

Si l'on ouvre la poitrine d'animaux vivant encore, et qu'on enlève la membrane qui enveloppe immédiatement le cœur, on voit tout d'abord que le cœur est tantôt en mouvement, et tantôt immobile, et qu'il a ainsi un moment d'action et un moment de repos.

Ces faits sont plus manifestes sur le cœur des animaux à sang froid, tels que les crapauds, les serpents, les grenouilles, les limaçons, les crevettes, les crustacés, les squilles et tous les poissons. Ils deviennent aussi plus manifestes sur le cœur des animaux, tels que les chiens et les porcs, si on les observe attentivement au moment où le cœur commence à mourir et se meut avec une sorte de langueur. Alors les mouvements sont plus lents, moins fréquents. Les moments de repos sont plus considérables. On peut voir facilement, et avec la plus grande netteté, ce qu'est le mouvement du cœur, et comment il se produit.

Le cœur, à l'état de repos, est mou, flasque et relâché comme sur le cadavre.

Quant à son mouvement, il y a trois phénomènes principaux à remarquer :

1° Il s'élève, se redresse, de manière à former une pointe, en sorte qu'à ce moment il frappe la poitrine et qu'on peut sentir ce choc à la paroi extérieure du thorax.

2° Toutes ses parties se contractent ; mais ce mouvement de contraction est plus marqué sur les parties latérales ; il semble alors se rétrécir, devenir moins large et plus long. On peut voir cela d'une manière très nette sur le cœur de l'anguille, arraché et mis sur une table ou dans la main ; on le voit également sur le cœur des poissons et des animaux à sang froid dont le cœur est conique et allongé.

3° Si on prend dans la main le cœur d'un animal vivant, on sent qu'au moment où il se meut, il devient plus dur, et ce durcissement est dû à sa contraction, de même qu'en appliquant la main sur les muscles de l'avant-bras on sent qu'ils deviennent plus durs et plus résistants au moment où ils font remuer les doigts.

4° Ajoutons que chez les poissons et les animaux à sang froid, comme les serpents et les grenouilles, le cœur devient plus pâle au moment de sa contraction, et qu'il reprend sa couleur rouge de sang, quand cette contraction a cessé.

Tous ces faits me montraient clairement que le mouvement du cœur est une tension et une contraction de toutes ses parties dans le sens de toutes ses fibres, puisqu'il s'élève, se rétrécit, se durcit à chaque mouvement ; et que c'est un mouvement analogue à celui d'un muscle qui se contracte. Car les muscles, lorsqu'ils sont en action, se tendent, se durcissent, s'élèvent, se renflent, absolument comme le cœur. De ces observations il est légitime de conclure qu'au moment où le cœur se contracte et se rétrécit de toutes parts, au moment où ses parois s'épaississent, les cavités ventriculaires se resserrent et chassent le sang qu'elles contenaient. D'ailleurs la quatrième remarque confirme cette supposition. En effet, si le cœur pâlit pendant sa contraction, c'est qu'il a chassé le sang contenu dans ses cavités, tandis qu'il reprend la couleur vermeille du sang, lorsqu'il se relâche et reste immobile, à mesure que le sang revient dans les ventricules. Il n'est plus permis de douter de cette vérité, si l'on fait une blessure au ventricule. En effet, à chaque mouvement, à chaque pulsation du cœur, on voit le sang qu'il contient en jaillir avec impétuosité.

Tous ces phénomènes sont simultanés ; et on voit à la fois la tension du cœur; le choc de sa pointe contre la paroi thoracique (choc qui peut se sentir à l'extérieur); l'épaississement de ses parois et

le jet impétueux du sang, qui, primitivement contenu dans les ventricules, en est chassé par leur
constriction.

Il est donc évident que les choses se passent
tout autrement qu'on le croit en général. On pen-
sait qu'au moment où le cœur choque la poitrine,
choc qu'on sent à l'extérieur, les ventricules se
distendent, et le cœur se remplit de sang, tandis
qu'au contraire, en réalité, le choc du cœur répond
à sa contraction et à sa vacuité. Ainsi ce qu'on pen-
sait être la diastole est réellement la systole. Et le
cœur est réellement actif, non dans la diastole, mais
dans la systole. L'effort du cœur répond non à la
systole, mais à la diastole ; car c'est alors qu'il se
meut, se contracte et fait effort.

Il est une autre opinion qu'il ne faut pas admettre, quoiqu'elle ait pour elle l'autorité du divin Vé-
sale. Il compare le cœur à un cercle d'osier constitué par une multitude de fibres réunies en forme de
pyramide, et ainsi il n'y aurait de contractions que
dans les fibres droites du cœur. Alors, dit-il, quand
la pointe se rapproche de la base, les parties latérales se distendent, s'incurvent, les cavités du cœur
se dilatent, les ventricules prennent une forme ova-
laire, et le sang y est aspiré. Mais cette opinion ne
me paraît pas exacte : en effet le cœur contracte
en même temps toutes ses fibres, et il y a bien plutôt épaississement des parois qu'élargissement des
cavités ventriculaires; les fibres coniques qui vont
de la pointe du cœur à la base portent le cœur

tout entier vers la base; il n'est donc pas juste de dire que les parties latérales du cœur, par cette contraction, tendent à devenir plus sphériques ; mais le contraire est plutôt vrai, car toute fibre circulaire, en se contractant, tend à devenir droite comme toutes les fibres musculaires, qui, en se contractant, diminuent de longueur et deviennent plus épaisses en leur partie centrale qui se renfle. De même le cœur, en se contractant, rétrécit les cavités ventriculaires par l'épaississement de ses parois musculaires. Il y a encore un autre ordre de fibres droites, ayant la forme de petites languettes : elles sont horizontales (les fibres des parois étant toutes circulaires). Ces fibres, qu'Aristote appelait nerfs, sont situées dans l'intérieur des ventricules et offrent un spectacle admirable, lorsque, se contractant simultanément, elles forment dans la paroi intérieure du ventricule comme un réseau contenu dans le cœur, qui chasse le sang avec une grande force.

On commet généralement une erreur en disant que le cœur, par son mouvement ou sa dilatation, attire le sang dans sa cavité; car, lorsqu'il se meut et se contracte, il chasse le sang ; quand il n'agit plus, quand il se relâche, le sang afflue dans ses cavités, par un mécanisme que nous montrerons plus tard.

CHAPITRE III

Après l'étude des mouvements du cœur, vient l'étude des mouvements des artères et de leurs pulsations.

1. Au moment où le cœur se tend, se contracte et choque la poitrine, en un mot au moment de la systole, répond le moment de dilatation, de pulsation, de diastole des artères. De même, à l'instant où le ventricule droit se contracte et chasse le sang qu'il contenait, a lieu la pulsation de la veine artérieuse qui se dilate en même temps que les autres artères du corps. (1)

2. Lorsque le ventricule gauche cesse d'agir et qu'il ne se contracte plus, le pouls artériel cesse ; quand il se contracte faiblement, le pouls artériel

(1) Nous rappelons que les Anciens appellaient veine artérieuse l'artère pulmonaire ; et que les artères veineuses sont les veines pulmonaires. (*Trad.*)

est à peine perceptible. Il en est de même pour le ventricule droit et la veine artérieuse.

3. Quand une artère quelconque est coupée ou perforée, le sang, au moment de la contraction du ventricule gauche, est chassé avec force au dehors par la blessure. De même, au moment de la contraction du ventricule droit, on voit le sang jaillir avec violence de la veine artérieuse, si l'on a coupé ce vaisseau.

Si l'on coupe sur un poisson le canal qui mène le sang du cœur aux branchies, au moment où l'on voit le cœur se contracter, on voit le sang jaillir avec force de la blessure.

Enfin en coupant une artère, quelle qu'elle soit, on voit que le sang jaillit tantôt plus loin, tantôt plus près de la blessure, et que le jet plus fort répond à la diastole des artères, au moment même où le cœur choque la paroi thoracique ; de sorte qu'au moment où se font la contraction et la systole du cœur, le sang est chassé dans les artères.

Ces faits démontrent donc que, contrairement à l'opinion reçue, la diastole des artères répond à la systole du cœur, que les artères se dilatent et sont remplies par le sang qu'y chasse la constriction des ventricules du cœur. Elles sont distendues, parce qu'elles se remplissent comme une outre ou une vessie ; et il ne faut pas croire qu'elles se remplissent, parce qu'elles se distendent, ainsi qu'un soufflet. En résumé, le pouls artériel de toutes les artères du corps reconnaît la même cause, à savoir la contraction du ventricule gauche, comme le pouls de l'artère pulmonaire résulte de la contraction du ventricule droit.

En un mot, le pouls des artères résulte de l'impulsion donnée au sang par la contraction du ventricule gauche. De même que dans le jeu d'une cornemuse il y aura en même temps mouvement des doigts, distension de la cornemuse et souffle de celui qui joue, de même, sous l'influence de la contraction cardiaque, le pouls devient plus fort, plus plein, plus fréquent, plus accéléré, image fidèle du rythme, du nombre et de la force des contractions du cœur; et il ne faut pas croire que, par suite du mouvement du sang, il y ait un instant d'interruption entre la constriction du cœur et la dilatation des artères, même les plus éloignées. Toutes les artères se dilatent en même temps, comme s'enfle en même temps une cornemuse tout entière, et le choc se transmet à toutes les extrémités au même moment, comme dans un tambour ou une longue poutre. C'est du reste ce que dit Aristote (1) : « Le sang de tous les animaux palpite dans les veines (il veut dire les artères) et communique à ces vaisseaux une pulsation sur tous les points du corps à la fois. Le pouls de toutes les veines a lieu au même moment, parce qu'elles dépendent toutes du cœur, et le cœur se meut toujours, parce que les veines se meuvent toujours, en sorte que

(1) III. *Animal.*, cap. 9. *De respir.*, cap. 15.

les mouvements du cœur et les mouvements des veines sont simultanés ». Notons avec Galien que les anciens philosophes donnaient aux artères le nom de veines.

J'ai vu un fait qui me confirmait complètement cette vérité. Un individu avait une de ces énormes tumeurs pulsatiles appelées anévrysmes. qui était située à droite du cou, sur le passage de l'artère. Cette tumeur, qui prenait de jour en jour un développement plus considérable, se distendait à chaque pulsation de l'artère ; et la quantité considérable de sang qui était envoyée dans la tumeur par l'artère, comme l'autopsie, du reste, le confirma, faisait que le pouls radial était à peine perceptible ; en effet, la plus grande partie du sang avait son passage intercepté et se déversait dans la tumeur.

C'est pourquoi, partout où le cours du sang dans les artères est interrompu par la compression, ou par un caillot, ou par un obstacle quelconque, les artères placées au-dessous de cet obstacle ont des pulsations moins fortes, car le pouls artériel n'est autre chose que l'impulsion du sang dans les artères.

CHAPITRE IV

DES MOUVEMENTS DU CŒUR ET DES OREILLETTES
D'APRÈS LES VIVISECTIONS

A l'étude des mouvements du cœur se rattache l'étude des mouvements et des fonctions des oreillettes.

César Bauhin et Jean Riolan (1), savants et habiles anatomistes, ont remarqué qu'en observant avec soin les mouvements du cœur chez un animal dont on a ouvert la poitrine, on peut voir quatre mouvements se produisant en des parties différentes et à des moments distincts, à savoir deux pour les ventricules et deux pour les oreillettes. Malgré l'autorité de si grands noms, j'ose dire que ces quatre mouvements diffèrent par le lieu, mais non par le moment où ils se produisent. En effet les deux oreillettes se contractent simultanément, et

(1) Bauhin., lib. II, cap. xxi : Iean. Riolan . lib. IVII, cap. i.

les deux ventricules aussi, en sorte que ces mouvements se produisent en quatre points du cœur bien distincts, mais en deux temps seulement, et voici de quelle manière.

Il y a dans le cœur deux mouvements, l'un pour les oreillettes, l'autre pour les ventricules, qui se passent presqu'au même moment, mais qui ne sont pas néanmoins tout à fait simultanés. En effet le mouvement des oreillettes précède, et celui des ventricules suit. Le mouvement semble partir des oreillettes pour gagner les ventricules. Si l'on observe ces phénomènes sur des poissons et des animaux à sang froid, on voit que, lorsque le cœur plus languissant commence à mourir, entre le mouvement de l'oreillette et celui du ventricule, il y a une certaine période de repos: le cœur excité à se mouvoir répond plus lentement à cette excitation. Enfin, touchant de plus près encore à la mort, il cesse ses contractions, faisant comme une legère inclinaison de tête ; les oreillettes font encore quelques obscurs mouvements, mais si peu perceptibles, qu'il semble que ce soit plutôt un signal de mouvement pour l'oreillette que le mouvement lui-même. Ainsi le cœur cesse de battre avant les oreillettes, qui semblent survivre aux ventricules. Le ventricule gauche cesse de battre le premier, puis l'oreillette gauche, puis le ventricule droit, et enfin, comme Galien l'avait remarqué, lorsque tout mouvement a cessé et que tout est mort, l'oreillette droite continue à battre. Il semble que les dernières traces de la vie s'y soient réfugiées, et, quand le cœur parait tout à fait mort, deux ou trois pulsations des oreillettes le réveillent. Alors il commence lentement une dernière pulsation qu'il achève lentement et avec peine.

Mais ce qu'il faut surtout noter, c'est que, lorsque les ventricules ont cessé de battre, les oreillettes continuent encore leurs pulsations. Si on met le doigt sur les parois des ventricules, on sent dans le ventricule des sortes de pulsations analogues aux pulsations que produit dans les artères la contraction des ventricules, ce qui est dû à la distension des artères par l'impulsion du sang. Et si, au moment où l'oreillette se contracte, on coupe la pointe du cœur, on voit le sang en jaillir à chaque contraction des oreillettes. Ce fait nous démontre comment le sang arrive dans les ventricules : c'est par la contraction des oreillettes et non par l'attraction que produirait la distension des ventricules.

Remarquons aussi que toutes les fois que je parle de pulsation, pour l'oreillette et le ventricule, je veux dire contraction. Or on voit d'abord se contracter les oreillettes, et ensuite le cœur lui-même. Quand les oreillettes se contractent, elles deviennent plus pâles, surtout aux points où elles sont en contact avec une petite quantité de sang ; elles se remplissent de sang comme un réservoir, car le sang y tombe par son propre poids, et, par l'effet du mouvement des veines, il se trouve ainsi refoulé au centre. Cette pâleur des oreillettes est surtout apparente à leurs extrémités et au voisinage des ventricules.

Chez les poissons, les grenouilles et les animaux semblables, qui n'ont qu'un seul ventricule, et qui ont pour oreillette une poche placée à la base du cœur et remplie d'une grande quantité de sang, on voit très nettement cette poche se contracter d'abord, et le cœur se contracter ensuite.

Dois-je parler aussi des faits observés, qui paraissent contraires à ce que je viens de dire ? Le cœur de l'anguille, de certains poissons et d'autres animaux bat encore lorsqu'il est arraché du corps et privé d'oreillettes. Bien plus, si on le divise en différentes parties, on en verra les fragments se contracter et se relâcher séparément, et, même après que les oreillettes auront cessé de se mouvoir, les ventricules du cœur continueront à battre et à palpiter. Est-ce une propriété particulière à ces animaux vivaces dont la nature est humide et gluante, ou bien leur vie lourde et lente est-elle plus dure à détruire? On peut voir un phénomène analogue sur les muscles des anguilles, qui conservent leurs mouvements après avoir été dénudés, arrachés et coupés en morceaux.

J'ai fait l'expérience suivante sur une colombe: le cœur avait tout à fait cessé de se mouvoir, les oreillettes elles-mêmes avaient depuis quelque temps cessé leurs contractions. Alors je mouillai mon doigt de ma salive, et je l'appliquai sur le cœur. Cette douce chaleur parut lui rendre des forces, et une vie qui allait s'éteindre; je vis le cœur, oreillette et ventricule, se contracter, se relâcher ; c'était une véritable résurrection.

J'ai pu en outre observer souvent ce fait, que, lorsque l'oreillette droite elle-même avait cessé de se mouvoir, et que le cœur paraissait mort, on pouvait reconnaître, au sang contenu dans cette oreillette, un mouvement obscur, une sorte de frémissement ondulatoire et de palpitation qui duraient tant que le cœur conservait un peu de chaleur et d'esprit vital.

Un phénomène analogue est aussi très évident, dans les premiers temps de la génération, pour l'œuf fécondé de la poule. Après sept jours d'incubation, avant toute autre partie, apparaît une goutte de sang qui palpite, comme l'avait vu Aristote. Après qu'elle s'est accrue, et que l'embryon s'est formé ailleurs, les oreillettes se forment, et c'est dans leurs pulsations incessantes que réside la vie de l'être. Quand ensuite, après un intervalle de quelques jours, on voit apparaître les premiers linéaments du corps et en même temps les ventricules du cœur, ces ventricules paraissent quelque temps pâles et exsangues, ainsi que le reste du corps; ils n'ont ni mouvements, ni pulsations. J'ai même vu sur un fœtus humain vers le commencement du troisième mois, le cœur pâle et exsangue, tandis que les oreillettes contenaient un sang abondant et vermeil. Dans l'œuf plus avancé en âge, au contraire, et sur un fœtus complètement formé, on voit un cœur plus volumineux, dont les cavités ventriculaires ont commencé à recevoir le sang et à l'envoyer dans tout le corps.

Si donc on veut approfondir les choses, on dira que non seulement le cœur est le premier à vivre et le dernier à mourir, mais que, dans le cœur lui-même, les oreillettes et les parties qui, chez les reptiles, les poissons et les animaux semblables, tiennent lieu d'oreillettes, vivent avant les ventricules et meurent après eux.

Puisqu'il m'a semblé que le sang ou l'esprit vital paraissait avoir, même après la mort des oreillettes, conservé une palpitation obscure, il est permis de se demander si la vie commence avec cette palpitation. En effet, comme Aristote l'a remarqué, le sperme de tous les animaux, avec l'esprit générateur, sort en palpitant, comme s'il était un être vivant (1). Ainsi la nature, après avoir achevé sa course, paraît revenir sur ses pas et retourner aux abîmes dont elle s'était dégagée. Et si la génération fait que ce qui n'est pas vivant devienne vivant, et que le non-être passe à l'être, de même la mort fait repasser l'être par les mêmes degrés, mais dans un sens contraire, et l'être retourne au non-être. Aussi chez les animaux les parties nées les dernières meurent les premières, et les parties nées les premières meurent les dernières.

J'ai aussi observé que presque tous les animaux

____

(1) *De motu animalium*, cap. 8.

ont un cœur, et non seulement, comme le dit Aristote, les grands animaux et ceux qui ont du sang, mais aussi les autres plus petits, qui n'ont point de sang, comme les crustacés et les testacés, les limaces, les colimaçons, les écrevisses, les gammarus, les squilles et beaucoup d'autres. Même sur les guêpes et les mouches, à l'aide d'une loupe qui permet de discerner les petits objets, j'ai vu à l'extrémité de leur corps, à cette partie qu'on appelle queue, un cœur battre, et j'ai pu le faire voir à quelques personnes.

Mais, chez les animaux qui n'ont point de sang, le cœur bat avec une extrême lenteur et à de très rares intervalles : ces contractions sont analogues à celles du cœur des autres animaux à l'agonie. On peut facilement constater le fait sur des limaçons. On trouvera leur cœur au fond d'un orifice situé au côté droit, orifice qu'on voit s'ouvrir et se fermer alternativement pour renouveler l'air. C'est par là qu'ils rejettent leur salive, lorsqu'on met à nu leur extrémité supérieure, près d'une partie analogue au foie.

Notons aussi qu'en hiver et pendant les froides saisons, il y a, parmi les animaux privés de sang, certaines espèces (comme le limaçon, par exemple) dont le cœur n'a plus de pulsations, et qui paraissent avoir une vie analogue à la vie des plantes, pareillement à ces animaux appelés, pour cette raison, animaux-plantes (zoophytes).

Chez tous les animaux où il y a un cœur il y a

des oreillettes ou des parties analogues aux oreillettes. Partout où le cœur a deux ventricules, il y a à côté d'eux toujours deux oreillettes. C'est une règle sans exception. Il est vrai que pour l'embryon de l'œuf il y a tout d'abord, comme je l'ai dit, une poche, ou une oreillette, ou une goutte de sang animée de pulsations ; puis le cœur se forme et se développe. Il en est de même chez certains animaux adultes, qui semblent ne pas pouvoir acquérir un organisme plus parfait et ont une vésicule pulsatile, comme un point rouge et blanc, qui paraît être le principe de la vie, par exemple chez les abeilles, les guêpes, les limaçons, les colimaçons, les squilles, les gammarus.

Il y a chez nous une petite squille, appelée en anglais « shrimp », et en flamand « garneel ». On la prend dans la mer et dans la Tamise ; son corps est tout transparent. Souvent, après l'avoir mise dans l'eau, je l'ai montrée à mes amis ; on pouvait très distinctement voir les mouvements du cœur de cet animal ; et, les parties extérieures du corps étant transparentes, on apercevait, comme par une fenêtre, les palpitations de son cœur.

Dans l'œuf de poule, après quatre ou cinq jours d'incubation, j'ai pu, en enlevant la coquille de l'œuf et en le mettant dans l'eau chaude, montrer la première ébauche du fœtus comme un nuage. Au milieu de ce nuage le point de palpitation du sang était si petit qu'il disparaissait pendant la contraction et qu'il échappait à la vue ; pendant le relâchement, il reparaissait, comme un point rouge aussi petit que la tête d'une épingle. Ce point qui apparaissait, puis disparaissait ensuite, semblait faire flotter le principe de la vie entre l'être et le néant.

CHAPITRE V

DU MÉCANISME ET DES USAGES DES MOUVEMENTS
DU CŒUR

Ce sont, je l'avoue, ces observations qui m'ont fait enfin trouver quel était le mouvement du cœur.

L'oreillette se contracte la première. Par sa contraction elle presse le sang qu'elle contenait, et, comme elle est l'aboutissant des veines, le réceptacle et le réservoir du sang, elle peut ainsi lancer tout le sang dans le ventricule du cœur. Une fois que le ventricule est rempli, le cœur se redresse, en contractant tous ses muscles; les ventricules se resserrent, et il y a pulsation: par l'effet de cette pulsation, le sang de l'oreillette droite se trouve conduit dans les artères. Le ventricule droit envoie le sang dans les poumons par ce vaisseau qu'on appelle veine artérieuse, mais qui en réalité, par sa structure, ses usages et sa disposition, est une artère (artère pulmonaire); le ventricule gauche en-

voie le sang dans l'aorte, et, par les différentes artères, dans toutes les parties du corps.

Ces deux mouvements, l'un pour les oreillettes,
l'autre pour les ventricules, se suivent si bien en
conservant leur harmonie et leur rythme, qu'il
semble n'y en avoir qu'un, surtout pour le cœur des
animaux à sang chaud, car le cœur de ces derniers
est agité de rapides mouvements. Et c'est de la
même manière que dans les machines mises en
mouvement par une roue on voit tout se mouvoir
à la fois. Dans le mécanisme qu'on adapte aux ar-
quebuses, la compression d'une petite palette fait
tomber le silex qui frappe sur la lumière. Le feu
jaillit, tombe sur la poudre, la poudre prend feu,
éclate ; le projectile vole et atteint le but; tous ces
mouvements si rapides se font en un clin d'œil. De
même pour la déglutition, la base de la langue s'é-
lève, la bouche se resserre, les aliments ou les bois-
sons entrent dans l'arrière gorge, le larynx se porte
en haut par l'action de ses muscles et se ferme
par l'épiglotte, le sommet du pharynx s'ouvre par
ses muscles, comme un sac ; il se porte en haut
pour saisir l'aliment et se dilate pour le recevoir ;
une fois qu'il le tient, ses fibres circulaires le resserrent, ses fibres longitudinales l'attirent en bas,
et cependant tous ces mouvements divers, accom-
plis par des organes distincts, semblent, par leur
harmonie et leur symétrie, ne constituer qu'un
seul mouvement et une seule action que nous ap-
pelons déglutition.

Il en est tout à fait de même pour le mécanisme des mouvements du cœur, qui sont comme une déglutition et un passage du sang des veines dans les artères. Qu'on regarde avec soin dans cette intention les mouvements du cœur sur un animal vivant, et on verra, ainsi que je l'ai dit, que le cœur se redresse, que les ventricules et les oreillettes se contractent presque simultanément ; mais l'on verra aussi une certaine ondulation, et un mouvement vague du cœur, qui penche un peu dans le sens du ventricule droit et se contourne légèrement en achevant son mouvement. Quand un cheval boit et avale l'eau qu'il introduit dans son estomac, on entend à chaque déglutition, si on ausculte le cou, un certain bruit, et si on lui touche le cou, on sent une certaine impulsion. Il en est de même pour le cœur ; au moment où ses contractions font passer une partie du sang des veines dans les artères, on sent une pulsation et on peut entendre un bruit dans la poitrine.

Ainsi se passent les mouvements du cœur : et le seul usage du cœur, c'est le passage du sang dans les extrémités, par l'intermédiaire des artères, en sorte que le pouls que nous sentons aux artères n'est autre chose que l'impulsion du sang chassé par le cœur.

Mais le cœur donne-t-il au sang, outre ce mouvement, ce passage et cette distribution aux différentes parties du corps, quelque chose de plus, à savoir de la chaleur, des esprits vitaux ou un autre élément de perfectionnement ? C'est ce que nous rechercherons plus tard en recueillant de nouvelles observations. Qu'il nous suffise pour le moment de montrer que l'action du cœur et la contraction des ventricules chassent le sang et le font passer des veines dans les artères, et de là dans tout le reste du corps.

C'est là un fait que tout le monde accepte d'une manière ou de l'autre d'après la structure du cœur, la disposition, la situation et le mécanisme des valvules. Mais là, comme dans un lieu obscur, on voit tous les anatomistes tâtonner et hésiter, essayant en vain d'accorder des opinions diverses et contradictoires, et d'accumuler les conjectures, ainsi que nous l'avons démontré plus haut.

La principale cause de cette hésitation, et la seule cause de ces erreurs, me paraît consister dans l'ignorance des rapports du cœur et du poumon chez l'homme. En voyant la veine artérieuse se perdre dans les poumons, ainsi que l'artère veineuse, on ne pouvait comprendre comment et par où le ventricule droit distribue le sang dans le corps et comment le ventricule gauche va chercher le sang dans la veine cave. C'est ce qu'attestent les paroles de Galien, attaquant les idées d'Erasistrate sur l'origine et les fonctions des veines, et la coction du sang (1). « Vous répondrez, dit-il, que le sang se forme dans le foie, et, de là, est porté au cœur, où

(1) De placitis Hippoc. et Plat., VI.

il va subir une dernière transformation et prendre
sa perfection définitive, ce qui ne manque pas d'ê-
tre raisonnable ; car nul parfait, nul grand ouvrage
ne s'est fait subitement et tout d'un coup, et n'a
pu par un seul instrument acquérir toute sa perf-
fection. Mais, s'il en est ainsi, montrez-nous un autre vaisseau qui nous ramène du cœur le sang complètement perfectionné et le répande dans tout le
corps, comme les artères répandent l'esprit vital ».
Ainsi Galien avait désapprouvé et délaissé une
opinion raisonnable, parce qu'il ne voyait pas la
voie de passage du sang, et qu'il ne pouvait trouver
le vaisseau qui partant du cœur lance le sang dans
tout le corps.

Mais si, à l'appui de l'opinion d'Erasistrate, opinion qui est la nôtre, et qui, de l'aveu de Galien,
est conforme à la raison ; si, dis-je, on avait pu
montrer du doigt une grande artère distribuant dans
toutes les parties du corps le sang chassé du
cœur, je voudrais savoir ce qu'eût dit ce grand et
divin génie. S'il eût dit que les artères distribuent
l'esprit vital et non le sang, comment aurait-il pu
réfuter Erasistrate, qui prétendait qu'il n'y avait
dans les artères que l'esprit vital? Certes il se serait alors contredit lui-même, réfutant imprudem-
ment les idées qu'il soutenait avec ardeur dans ses
ouvrages contre ce même Erasistrate, lorsqu'en s'ap-
puyant d'un grand nombre d'arguments excellents
il démontrait par des expériences que, dans les artères, à l'état normal, il y a du sang et non de l'air.

Au contraire, cet homme divin reconnaissait, comme il le dit dans le même ouvrage, « que toutes les artères du corps prennent naissance dans une grande artère, et que celle-ci vient du cœur, et que dans les artères le sang se trouve contenu et mis en mouvement. Les trois valvules sigmoïdes, situées à l'orifice de l'aorte, empêchent le retour du sang dans le cœur, et la nature ne les aurait pas placées dans un organe aussi parfait, si elle ne leur eût assigné une immense fonction à remplir ». Ainsi, le père de la médecine reconnaîtrait expressément cette vérité, et il la reconnaît, comme on peut le voir en lisant son livre.

Et je ne vois pas comment il pourrait nier que la grande artère soit le vaisseau qui transporte le sang, qui a acquis toute sa perfection, du cœur dans le corps tout entier ; et s'il hésitait, comme l'ont fait jusqu'à ce jour ses successeurs, c'est que, ignorant les rapports intimes du cœur et du poumon, on n'avait pas pu discerner les voies par où le sang passe des veines dans les artères.

Cette question ne trouble pas médiocrement les anatomistes, qui dans leurs dissections trouvent l'artère veineuse et le ventricule gauche remplis d'un sang épais, noir et en caillots; et ils ont été forcés d'affirmer que le sang passe du ventricule droit dans le ventricule gauche, à travers la cloison du cœur. Mais j'ai déjà repoussé cette idée. La voie est toute prête, elle est largement ouverte. Une fois qu'on l'a trouvée, il n'y a plus de diffi-

culté ; personne n'est plus arrêté, et on peut reconnaître la vérité de ce que j'ai dit sur l'impulsion
du cœur et des artères, le passage du sang des
veines dans les artères et la distribution du sang
dans tout le corps par les artères.

CHAPITRE VI

DES VOIES PAR LESQUELLES LE SANG PASSE DE LA
VEINE CAVE DANS LES ARTÈRES OU DU VENTRICULE
DROIT DANS LE VENTRICULE GAUCHE.

Il est donc probable que les erreurs des anatomistes sur ce sujet ont pour cause l'ignorance des
rapports du cœur et du poumon. Le tort fréquent
de ces anatomistes, c'est de vouloir parler des organes des animaux et les connaître en n'étudiant
que l'homme, et même le cadavre humain, agissant
comme ceux qui voudraient connaître la politi-
que, en étudiant la constitution d'un seul pays ;
comme ceux qui, connaissant la nature d'un ter-
rain, prétendraient savoir l'agriculture ; comme
ceux qui, pour connaître une proposition particulière, voudraient raisonner sur tout.

En effet, si l'on était aussi versé dans l'anatomie des animaux que dans l'anatomie de l'homme,
on trouverait sans doute très facilement la solution
de cette question qui nous tient tous perplexes.

Chez les poissons, qui n'ont qu'un seul ventricule (car ils n'ont point de poumons), les rapports du cœur et des vaisseaux sont faciles à voir : il y a à la base du cœur une poche pleine de sang, tout à fait analogue à une oreillette, qui envoie le sang dans le cœur ; le cœur chasse ensuite le sang par un canal (soit une artère, soit un vaisseau analogue à une artère) ; on peut bien discerner ces faits, et on les démontre encore mieux en coupant cette artère : à chaque contraction du cœur le sang en jaillit avec force.

Il en est de même pour tous les animaux, qui n'ont qu'un ventricule, ou qui paraissent n'en avoir qu'un, ce que l'on voit sur les poissons. On peut facilement faire ces observations sur les crapauds, les grenouilles, les serpents et les lézards. Il est vrai que ces animaux ont des poumons, puisqu'ils crient. J'ai, sur l'admirable mécanisme de leurs poumons et des organes qui s'y rattachent, recueilli un grand nombre d'observations ; mais je ne veux pas en parler ici. Néanmoins mes dissections m'ont démontré que chez ces animaux le sang était chassé par le cœur des veines dans les artères. La route est large, évidente, et il n'y a ni difficulté ni sujet d'hésitation. Les choses se passent comme sur un homme dont la cloison ventriculaire serait détruite ou perforée et dont les deux ventricules ne feraient plus qu'un seul : alors le sang pourrait passer des veines dans les artères.

Mais il y a plus d'animaux privés de poumons,

que d'animaux qui en sont doués ; il y a plus d'animaux ayant un seul ventricule que d'animaux en ayant deux. Il faut donc en conclure que chez les animaux, il y a ἐπὶ τὸ πολύ (en général) un passage qui permet au sang de passer des veines dans les artères par les cavités du cœur.

J'ai vu de plus que chez les embryons des animaux, et même des animaux qui ont des poumons, cette disposition est encore très évidente.

Chez le fœtus, il y a quatre vaisseaux qui vont au cœur : la veine cave, l'artère veineuse (veine pulmonaire), la veine artérieuse (artère pulmonaire) et l'aorte ou grande artère. Ces vaisseaux ne présentent pas alors les mêmes rapports que chez l'adulte, ce que savent parfaitement tous les anatomistes.

La veine cave se déverse dans la veine pulmonaire avant de s'ouvrir dans le ventricule droit et de donner naissance à la veine coronaire, un peu au-dessus du point où elle sort du foie. Cette union est une anastomose latérale, qui a la forme d'une large ouverture ovale, faisant communiquer largement la veine cave et la veine pulmonaire. Ainsi le sang passe, comme par un vaisseau unique, de la veine cave dans la veine pulmonaire, et peut couler à plein flot jusque dans l'oreillette gauche et le ventricule gauche. Au-dessus de cette ouverture ovale, et du côté de la veine pulmonaire, se trouve un opercule, semblable à une fine membrane, plus grand que l'ouverture. Cet opercule, en s'accroissant de tous côtés, finit par obstruer tout à fait l'ouverture et l'oblitérer. Cette membrane est disposée de telle sorte qu'en se relâchant elle laisse la voie ouverte au sang qui passe librement dans le cœur et dans les poumons : au contraire, elle empêche le sang de retourner dans la veine cave. Aussi, chez le fœtus, le sang passe par cette ouverture de la veine cave dans la veine pulmonaire, et de là dans l'oreillette gauche du cœur: et, une fois qu'il y est entré, il ne peut revenir sur ses pas.

L'autre anastomose de l'artère pulmonaire a lieu lorsque cette artère sortant du ventricule droit se partage en deux rameaux. A ces deux branches vient s'en ajouter une troisième, c'est le canal artériel, qui se dirige obliquement vers l'aorte dans laquelle il s'ouvre. Il en résulte que chez le fœtus on trouve comme deux aortes, soit deux grands vaisseaux par lesquels l'aorte semble naître du cœur. Le canal artériel, chez l'adulte, diminue, s'atrophie et finalement se dessèche et disparait tout à fait, comme la veine ombilicale.

Le canal artériel n'a point de membrane intérieure qui empêche le passage du sang dans un sens ou dans l'autre ; car il y a, à l'orifice de l'artère pulmonaire, dont ce canal est, ainsi que je l'ai dit, la continuation, trois valvules sigmoïdes qui regardent en dedans et qui cèdent facilement quand le sang passe du ventricule droit dans l'aorte, mais qui, au contraire, fermant tout à fait l'entrée, empêchent le sang de revenir, des poumons ou de l'aorte, dans le ventricule droit. Il est donc légitime de conclure que chez l'embryon le cœur en se contractant chasse continuellement le sang du ventricule droit dans l'aorte par cette voie.

On dit généralement que ces deux anastomoses d'ailleurs si évidentes et si considérables, étaient uniquement destinées à la nutrition des poumons, et que chez les adultes, la chaleur et le mouvement des poumons exigeant une nutrition plus considérable, ils s'oblitèrent, disparaissent et deviennent imperméables. Mais cette opinion est peu vraisemblable et peu raisonnable, et c'est aussi une erreur que de regarder le cœur de l'embryon comme oisif, sans action et sans mouvement, et de penser que la nature, pour nourrir les poumons, a dû créer au sang ces deux passages. Ne voyons-nous pas au contraire, dans les œufs que couve une poule, et sur les embryons arrachés de l'utérus de certains animaux, le cœur se mouvoir comme chez les adultes ? La nature n'avait donc pas besoin de ces anastomoses. D'ailleurs ce mouvement du cœur chez l'embryon, dont nous avons souvent été témoins nous-mêmes, Aristote aussi l'affirme (1). « Il est, dit-il, dans la nature du cœur de battre, dès les premiers commencements de la vie ; on peut s'en rendre compte et par les vivisections et par l'étude des poulets dans l'œuf.» Bien plus, nous pouvons voir

(1) *De respir.*, lib. III.

que ces vaisseaux, tant chez l'homme que chez les autres animaux, sont libres et ouverts, non seulement pendant la vie intra-utérine, mais encore pendant plusieurs mois et même pendant quelques années, pour ne pas dire pendant toute la vie, comme chez l'oie et d'autres oiseaux encore, mais surtout sur les petits animaux. C'est peut-être ce qui a fait penser à Botal qu'il avait découvert une nouvelle communication du sang de la veine cave dans le ventricule gauche ; et j'avouerai que moi-même je l'ai cru aussi, ayant trouvé cette communication largement établie sur un gros rat adulte.

Ces faits nous font comprendre comment chez le fœtus humain et chez les animaux, où ces communications ne sont pas détruites, les contractions du cœur chassent le sang de la veine cave dans l'aorte par les deux ventricules à la fois.

Le ventricule droit recevant le sang de l'oreillette le chasse dans la veine artérieuse et dans sa continuation, c'est-à-dire dans le canal artériel, de sorte que le sang est chassé dans l'aorte. En même temps, le ventricule gauche reçoit le sang qui a passé de la veine cave dans l'oreillette gauche par le trou ovale. L'oreillette gauche se contracte, et le ventricule gauche par sa contraction chasse le sang dans cette même artère aorte.

Ainsi chez les fœtus, comme les poumons n'agissent pas et ne servent pas plus que s'ils n'existaient pas, la nature fait usage des deux ventricules, comme d'un seul, pour faire circuler le sang, et la disposition pour les fœtus qui ont des poumons, mais qui ne respirant pas n'en font pas usage, est la même que pour les animaux inférieurs qui n'ont pas de poumons. C'est ce qui démontre jusqu'à l'évidence que les contractions du cœur font circuler le sang de la veine cave dans l'aorte : les voies sont aussi larges, le passage est aussi facile qu'il le serait chez l'homme adulte dont les deux ventricules communiqueraient, la cloison ayant été enlevée. Chez la plupart des animaux, chez tous les animaux à une certaine époque, ces voies de passage sont très largement ouvertes et font circuler le sang à travers les ventricules. Et maintenant pourquoi pensons-nous que chez quelques animaux à sang chaud (l'homme par exemple), arrivés à l'âge adulte, ce passage du sang ne se fait pas à travers les poumons, comme il se fait chez le fœtus par ces anastomoses nécessaires, alors que les poumons n'ayant aucun usage ne peuvent être traversés par le sang? Comment peut-il être préférable (et la nature ne fait que ce qui est préférable à tout le reste) que chez l'adolescent la nature ne ferme ce passage, tandis que, chez le fœtus et tous les animaux, la communication est largement établie ? Et pourquoi la nature, au lieu d'ouvrir d'autres vaisseaux pour le passage du sang, a-t-elle complètement empêché ce passage chez le fœtus ?

Nous voici donc arrivés à ce point que, pour savoir quels sont chez l'homme les vaisseaux par où passe le sang de la veine cave dans le ventricule

gauche et la veine pulmonaire, on doit, si l'on veut
bien faire, chercher la vérité dans les dissections.

On doit aussi se demander pourquoi, chez les
animaux plus parfaits, la nature a voulu que, lorsqu'ils sont adultes, le sang passe à travers le parenchyme pulmonaire. plutôt que par ces larges anastomoses, car on ne peut admettre d'autre voie de
communication. Peut-être cela tient-il à ce que, les
animaux plus perfectionnés ayant un sang plus
chaud, leur chaleur. lorsqu'ils sont adultes, les con-
sume et tend à les suffoquer. C'est pourquoi le sang
passe et filtre à travers les poumons pour être ra-
fraîchi par l'air aspiré, et pour que l'individu soit
préservé par là contre l'ébullition, la suffocation
ou quelque chose de semblable. Mais, pour déter-
miner nettement ces fonctions et en donner la raison, ce serait en vérité examiner quelles sont les
fonctions des poumons, et la respiration, et le besoin d'air et les différents phénomènes de la respiration dont j'ai été témoin chez plusieurs animaux.
Néanmoins, comme je ne veux pas ici m'écarter de
l'étude que je me suis proposée, à savoir celle des
mouvements et des fonctions du cœur, pour ne pas
troubler cette étude ou chercher à échapper à la
solution de ce problème, je me propose d'exposer
ailleurs mes idées là-dessus dans un traité particulier, et je reviens aux phénomènes ayant trait à la
question que je me suis posée.

Chez les animaux supérieurs et à sang chaud,
quand ils sont adultes, je dis que le sang est poussé

par le ventricule droit dans l'artère pulmonaire et
dans les poumons, que de là il va dans la veine pulmonaire, puis dans l'oreillette gauche, et enfin
dans le ventricule gauche. Je vais chercher à prouver : d'abord qu'il peut en être ainsi, et ensuite
qu'il en est ainsi.

CHAPITRE VII

LE SANG PASSE DU VENTRICULE DROIT DANS LES POUMONS, ET DE LÀ DANS LA VEINE PULMONAIRE ET LE VENTRICULE GAUCHE.

Il est clair d'abord que cela peut se faire et que
rien ne s'y oppose, comme l'eau traversant les ter-
rains peut donner naissance aux ruisseaux et aux
fontaines, comme la sueur peut passer à travers
la peau, et l'urine à travers le parenchyme rénal.
Remarquons aussi que ces individus qui prennent
les eaux de Spa ou de la Madone, comme on dit,
dans la plaine de Padoue, qui boivent des eaux
acidulées ou sulfureuses, ou qui prennent des bois-
sons gazeuses, les ont rendues tout entière au
bout d'une ou deux heures, dans leurs urines. Cette
masse de substance doit mettre un certain temps
à être digérée ; il faut qu'elle passe par le foie, lequel deux fois dans la journée prend le suc des aliments dont nous faisons notre nourriture : de là

elle va dans les veines, dans le parenchyme rénal et dans les uretères, pour arriver à la vessie.

Certains auteurs pensent que le sang, ou plutôt toute la masse sanguine, ne peut absolument pas passer à travers les poumons, comme le suc alimentaire à travers le foie. Ces gens, je parle avec le poète, dès qu'une chose leur plaît, l'acceptent tout de suite comme vraie ; leur déplaît-elle, elle n'est vraie à aucun prix : craignant d'affirmer lorsqu'il faudrait le faire. ils ne craignent pas d'affirmer lorsqu'il faudrait nier.

Le tissu du foie et celui du rein sont beaucoup plus durs et d'une texture bien plus compacte que celui du poumon. Mais accordons aux reins et au foie une texture spongieuse ; pour le foie, il n'y a aucune impulsion, aucune puissance qui le force à être traversé par le sang. tandis que le sang est chassé avec force dans les poumons par la contraction du ventricule droit, qui doit dilater les vaisseaux et faire pénétrer le sang dans les porosités des poumons. En outre. dans la respiration, les poumons s'élèvent et s'abaissent. Nécessairement ce mouvement doit ouvrir et fermer les porosités et les vaisseaux comme une éponge : les organes ayant une constitution spongieuse se resserrent et se dilatent alternativement, tandis que le foie est immobile, et qu'on n'y a jamais vu ces alternatives de dilatation et de resserrement.

Enfin personne ne peut nier que le suc des aliments ingérés passe par le foie dans la veine cave, chez l'homme, chez le bœuf et chez les grands animaux. Pour que la nutrition s'opère, il faut que les aliments pénètrent dans les veines et de là dans le foie. On est forcé de l'admettre, car ils ne peuvent passer ailleurs. Pourquoi n'admettrait-on pas avec autant de raison que chez ces mêmes animaux adultes le sang passe par le poumon ? Pourquoi ne pas conclure avec Colombo, savant et habile anatomiste, que par suite de l'amplitude et de la disposition des vaisseaux pulmonaires, par suite de la présence dans ces vaisseaux du même sang que dans la veine pulmonaire et dans le ventricule gauche, le sang a dû y venir par les veines et qu'il n'a pas d'autre voie, pour arriver dans le ventricule gauche, que la voie des poumons, ainsi que nous l'avons pu démontrer, comme cet auteur, par des preuves anatomiques et autres, précédemment exposées.

Mais, puisqu'il y a des gens qui n'admettent que l'autorité des auteurs, disons-leur que les paroles de Galien lui-même confirment cette vérité, à savoir que non seulement le sang peut passer de l'artère pulmonaire dans la veine pulmonaire et de là dans le ventricule gauche du cœur et dans les artères, mais que ce mouvement est dû aux contractions continuelles du cœur et aux mouvements respiratoires des poumons.

A l'orifice de l'artère pulmonaire, il y a trois valvules sigmoïdes ou semi-lunaires, qui ne laissent pas venir au cœur le sang qui a pénétré une fois dans cette artère. C'est là un fait bien connu, et Galien explique ainsi les fonctions et les usages de ces valvules (1).

« Dans tout le corps, dit-il, les artères s'abouchent avec les veines et échangent entre elles l'air et le sang au moyen d'ouvertures invisibles et extrêmement fines. Si le grand orifice de la veine artérieuse eût été toujours également ouvert, et que la nature n'eût pas trouvé un moyen pour le fermer et l'ouvrir tour à tour dans le temps convenable, jamais le sang par les ouvertures invisibles et étroites n'eût pénétré dans les artères quand le thorax se contracte. Toutes choses n'ont pas la même propension à être attirées ou rejetées par toute espèce de corps. Si une substance légère, plus facilement qu'une lourde, est attirée par la dilatation des organes et rejetée par leur contraction, ce qui marche dans un conduit large est plus facilement renvoyé que ce qui chemine dans un conduit étroit. Quand le thorax se contracte, les artères du poumon à tunique de veine (veines pulmonaires), intérieurement repoussées et refoulées avec force de toutes parts, expriment à l'instant le pneuma qu'elles renferment, et en échange s'imprègnent par ces étroits conduits de particules de sang, ce qui n'eût pas été possible si le sang eût pu rebrousser chemin par le grand orifice (auriculo-ventriculaire droit) qui existe à cette veine du

_____

(1) *De usu part.*, lib. VI, cap. x.

côté du cœur. Quand le sang est comprimé de toutes parts, trouvant le passage fermé à travers le grand orifice, il pénètre en gouttes fines dans les artères par ces étroits conduits. »

Et dans le chapitre qui suit : « Plus le thorax se contracte pour chasser le sang, plus ces membranes (c'est-à-dire les valvules sigmoïdes) en ferment exactement l'entrée et ne laissent rien revenir. » Et dans ce même chapitre X il avait dit : « S'il n'y avait pas de valvules, il en serait résulté un triple inconvénient. D'abord le sang exécuterait inutilement et sans fin un double voyage ; au moment de la dilatation du poumon, le sang en remplirait toutes les veines, et au moment de la contraction du poumon, il s'opérerait comme un reflux incessant, ainsi que pour les flots de l'Euripe, reflux donnant au sang un mouvement de va-et-vient qui ne lui est nullement propice. Ce désagrément est peut-être léger en lui-même, mais la gêne qui en résulterait pour l'utilité de la respiration ne serait pas un inconvénient médiocre, etc. » Et un peu plus loin il ajoute : « Un troisième inconvénient eût accompagné le retour en arrière du sang dans l'expiration, si notre créateur n'eût imaginé les épiphyses membraneuses. » D'où il conclut au chapitre XI : « Il y a pour toutes les valvules une utilité commune, qui consiste à s'opposer au retour des matières, et pour chacune une utilité spéciale ; les unes font sortir les matières du cœur, de manière qu'elles n'y rentrent pas ; les autres l'y introduisent de façon qu'elles n'en puissent sortir. La nature ne voulait pas imposer au cœur un travail inutile, en le condamnant à envoyer le sang à une partie d'où il était préférable de le tirer, et au contraire à le tirer souvent d'un endroit où il fallait l'envoyer. »

Et un peu après : « Il y a, dit-il, deux vaisseaux qui se rendent au cœur, l'un qui y va et qui a une seule tunique, l'autre qui en sort et qui a une double tunique. Il semblait donc nécessaire qu'ils eussent un diverticulum commun, soit le ventricule droit (Galien entend le ventricule droit; mais, pour la même raison, j'entends aussi le ventricule gauche du cœur). C'est en ce point qu'ils convergent tous les deux: par l'un arrive le sang; par l'autre il s'éloigne. »

Le même raisonnement que faisait Galien pour le passage du sang de la veine cave dans les poumons à travers le ventricule droit s'applique aussi, avec plus de raison encore, au passage du sang des veines dans les artères à travers le cœur. Les paroles de Galien, ce père divin de la médecine, nous apprennent clairement que le sang passe par les poumons de la veine artérieuse dans les ramuscules de l'artère veineuse, tant par les contractions du cœur, que par les mouvements des poumons, et du thorax. Les ventricules du cœur, comme un réservoir, reçoivent le sang pour le rejeter ensuite dans tout le corps ; et pour cet usage il y a quatre valvules, deux pour recevoir le sang, et deux pour le projeter. Si l'on n'admet pas ce fait, il faut admettre que le sang s'agite sans raison, comme les flots de l'Euripe, qu'il va çà et là, qu'il retourne en arrière quand il aurait dû avancer, et qu'il abandonne les parties où il aurait dû aller (1), en sorte que le cœur s'épuiserait dans un vain travail et empêcherait la respiration des poumons.

Enfin notre théorie est justifiée, que le sang passe continuellement et totalement à travers les porosités pulmonaires du ventricule droit dans le ventricule gauche, et de la veine cave dans l'artère aorte. En effet, comme le sang passe constamment du ventricule droit dans les poumons par la veine artérieuse, et comme, lorsqu'il est dans les poumons, il est attiré par le ventricule gauche, ainsi que le démontre la disposition des valvules, il est nécessaire que ce trajet se fasse d'une manière connue. Et de même, comme le sang entre continuellement dans le ventricule droit du cœur et sort continuellement du ventricule gauche, ce que les raisonnements démontrent, il est impossible qu'il n'y ait pas un courant continu du sang, de la veine cave à l'artère aorte.

Ainsi donc l'anatomie nous montre, chez la plus grande partie des animaux et chez tous après les premiers âges de la vie, que la circulation se fait

(1) Voyez le savant commentaire d'Hoffmann sur Gallien. *De usu part.*, lib. VI. Je n'ai connu ce livre qu'après avoir écrit les pages qu'on lit ici. (N. de Harvey.)

par les larges voies des vaisseaux, les pores invisibles des poumons, et les anastomoses des artères et des veines du poumon, ainsi que l'indique Galien, et ainsi que le démontrent les preuves données par nous-mêmes plus haut. Quoiqu'un seul ventricule, le ventricule gauche, eût suffi à envoyer le sang dans tout le corps et à le conduire hors de la veine cave, comme cela a lieu chez les animaux qui manquent de poumons, cependant la nature, voulant que le sang passât à travers les poumons, a dû ajouter le ventricule droit, qui, par ses contractions, remplaçant le ventricule gauche, envoie dans les poumons le sang de la veine cave : c'est pourquoi le ventricule droit sert au passage du sang par le poumon, mais non à la nutrition du poumon. Aussi bien serait-il absurde de dire que les poumons ont besoin d'une nourriture très abondante et d'un sang très pur et très riche en esprits, sortant directement des ventricules, plutôt que la substance nerveuse, si parfaite, plutôt que le globe oculaire, si admirablement constitué, plutôt que la substance même du cœur, lequel est nourri par l'artère coronaire.

CHAPITRE VIII

DE LA QUANTITÉ DE SANG QUI PASSE PAR LE CŒUR,
DES VEINES DANS LES ARTÈRES, ET DU MOUVEMENT
CIRCULAIRE DU SANG.

Peut-être mes idées sur le passage du sang des
veines dans les artères, sur le trajet qu'il parcourt
et sur les mouvements du cœur, ont-elles été adop-
tées par certains auteurs qui admettent le témoi-
gnage de Galien et les raisons de Colombo et d'autres anatomistes ; mais maintenant ce qui me reste
à dire (et ce sont des points très dignes de consi-
dération) sur la masse du sang qui passe dans les
artères, et sur son origine, est si nouveau et si peu
admis, que je crains non seulement la jalousie de
quelques personnes, mais l'inimitié de tous : tant
il est vrai que la routine et une doctrine adoptée,
profondément enracinée dans notre esprit, sont
pour nous comme une seconde nature, surtout
quand le respect de la grande antiquité vient s'y

joindre. Néanmoins, que le sort en soit jeté ! J'ai confiance dans la loyauté des savants et dans leur amour pour la vérité.

En considérant la grande quantité de sang que je trouvais dans les vivisections et les ouvertures d'artères, la symétrie et l'étendue des ventricules et des vaisseaux afférents et efférents, je me disais souvent que la nature, n'ayant rien fait en vain, ne pouvait avoir donné en vain à ces vaisseaux une telle étendue ; enfin, en réfléchissant à l'admirable mécanisme des valvules, des fibres et de toute la structure du cœur, à l'abondance du sang mis en mouvement, à la rapidité de ce mouvement, je me demandais si le suc des aliments ingérés pouvait suffire à renouveler incessamment le sang incessamment épuisé. Je compris que les veines seraient vidées et épuisées, et que, d'autre part, les artères se rompraient par cet afflux continuel de sang, si le sang ne retournait par quelque voie des artères dans les veines et ne revenait dans le ventricule droit du cœur.

Je me suis donc d'abord demandé si le sang avait un mouvement circulaire, ce dont j'ai plus tard reconnu la vérité ; j'ai reconnu que le sang sortant du cœur était lancé par la contraction du ventricule gauche du cœur dans les artères et dans toutes les parties du corps, comme par la contraction du ventricule droit, dans l'artère pulmonaire et dans les poumons. De même, passant par les veines, il revient dans la veine cave et jusque dans

l'oreillette droite, et, passant par les veines pulmonaires, il revient dans l'oreillette gauche.

On peut donc appeler ce mouvement du sang,
mouvement circulaire, comme Aristote avait ap-
pelé circulaire le mouvement de l'atmosphère et
des pluies. En effet, la terre humide est désséchée
par la chaleur du soleil; les vapeurs, à mesure
qu'elles s'élèvent, se condensent : alors elles tom-
bent sous la forme de pluies et arrosent la terre,
et de cette manière prennent naissance les saisons
et les différents météores, grâce au mouvement circulaire du soleil qui tantôt s'éloigne et tantôt se
rapproche.

C'est ainsi vraisemblablement que, grâce au
mouvement du sang, toutes les parties de notre
corps sont alimentées, réchauffées, vivifiées par
l'afflux d'un sang plus chaud, d'un sang complet,
chargé de vapeurs et de vitalité, d'un sang pour
ainsi dire nutritif. Arrivé aux différentes parties
du corps, le sang se refroidit, se coagule, devient
inactif. Il retourne alors à son principe, c'est-à-
dire au cœur, comme au dieu créateur et protec-
teur du corps, pour y reprendre toute sa perfection.
Là il trouve une chaleur naturelle, puissante, qui
est le trésor de la vie, qui est riche en esprits vitaux, riche, si je puis m'exprimer ainsi, en par-
fums, puis il est de nouveau envoyé dans tous
les organes, et ce mouvement circulaire dépend
des mouvements et des pulsations du cœur.

Ainsi le cœur est le principe de la vie et le soleil du microcosme, comme on pourrait en revanche appeler cœur du monde le soleil. C'est par lui que le sang se meut, se vivifie, résiste à la putréfaction et à la coagulation. En nourrissant, réchauffant et animant le sang, ce divin organe sert tout le corps ; c'est le fondement de la vie et l'auteur de toutes choses. Mais nous en parlerons mieux en discutant sur la finalité du cœur.

Ainsi les veines sont des vaisseaux qui ramènent le sang, et il faut les diviser en deux ordres : la veine cave et l'aorte, non pas parce qu'elles se jettent chacune dans un côté du cœur différent (comme le dit Aristote), non pas, comme le croit le vulgaire, parce que leur structure est différente; car chez beaucoup d'animaux, la structure de la veine ne diffère guère de celle de l'artère ; mais ce qui les distingue profondément, ce sont leurs fonctions et leurs usages. La veine et l'artère, appelées toutes deux veines par les anciens, avec raison, comme l'a remarqué Galien, sont des vaisseaux qui amènent tous deux le sang : l'artère du cœur dans les organes, la veine des organes dans le cœur. L'une part du cœur, l'autre y va. L'une contient un sang froid et épuisé, impropre à la nutrition, l'autre un sang chaud, complet et nutritif.

CHAPITRE IX

DÉMONSTRATION DE LA CIRCULATION DU SANG
PAR LA CONFIRMATION DE LA PREMIÈRE HYPOTHÈSE

Mais, pour qu'on ne nous accuse pas de nous contenter de mots, de faire des assertions spécieuses, sans fondements, et de vouloir innover à tort, nous posons trois hypothèses, qui, si elles sont vraies, démontreront clairement ce que j'avance et en feront éclater la vérité :

1° Le sang, poussé par la contraction du cœur, passe continuellement de la veine cave dans les artères, en si grande quantité que les aliments ne pourraient y suffire, et la totalité du sang suit ce passage en un temps très court.

2° Le sang, poussé par les pulsations artérielles, pénètre continuellement dans chaque membre et chaque partie du corps, et il en entre ainsi bien plus que la nutrition du corps ne l'exige, et bien trop pour que la masse du sang y puisse suffire.

3° Les veines ramènent constamment le sang de chaque membre dans le cœur.

Je dis qu'alors évidemment le sang circule, qu'il est chassé du cœur aux extrémités, et qu'il revient des extrémités au cœur, et ainsi de suite, accomplissant ainsi un mouvement circulaire.

Admettons par le raisonnement ou par l'expérience que le ventricule gauche, dilaté, et rempli de sang, contienne une, deux ou trois onces de sang: j'ai, pour ma part, trouvé sur un cadavre plus de trois onces.

Nous pouvons admettre que le cœur en se contractant perd une quantité quelconque de sang : en effet le ventricule en se resserrant contient moins de sang qu'auparavant : ainsi une certaine quantité de sang passe dans l'artère aorte: en effet il en passe toujours pendant la systole une certaine quantité, comme nous l'avons démontré au chapitre III. Tout le monde reconnait ce fait, car la disposition des valvules le prouve manifestement. Il est donc légitime d'admettre comme vraisemblable qu'il passe dans l'artère ou la 4ᵉ, ou la 5ᵉ, ou la 6ᵉ, ou, au minimum, la 8ᵉ partie du sang contenu dans le venticule dilaté.

Ainsi, chez l'homme, nous supposons qu'à chaque contraction du cœur, il passe une once, ou trois drachmes, ou une drachme de sang dans l'aorte. Ce sang ne peut revenir dans le cœur, à cause de l'obstacle que lui opposent les valvules.

Or le cœur en une demi-heure a plus de mille

contractions; chez quelques personnes mêmes, il
en a deux mille, trois mille et même quatre mille.
En multipliant par drachmes, on voit qu'en une
demi-heure il passe par le cœur dans les artères
trois mille drachmes, ou deux mille drachmes, ou
cinq cents onces ; enfin une quantité de sang beaucoup plus considérable que celle qu'on pourrait
trouver dans tout le corps. De même chez le mouton ou chez le chien, supposons qu'il passe un
scrupule à chaque contraction du cœur, en une demi-heure, on aura mille scrupules, soit trois livres
et demie de sang. Or dans tout le corps il n'y en
a pas plus de quatre livres, comme je m'en suis
assuré chez le mouton.

Ainsi en supputant la quantité de sang que le
cœur envoie à chaque contraction et en comptant
ces contractions, on voit que toute la masse du
sang passe des veines dans les artères par le cœur
et aussi par les poumons.

D'ailleurs ne prenons ni une demi-heure, ni une
heure, mais un jour : il est clair que le cœur par
sa systole transmet plus de sang aux artères que
les aliments ne pourraient en donner, plus que les
veines n'en pourraient contenir.

Et il ne faut pas dire que le cœur, en se contractant, tantôt envoie du sang aux artères, tantôt
n'en envoie pas, tantôt en envoie très peu, ni me
reprocher des théories imaginaires. Déjà nous
avons réfuté cette opinion, contraire d'ailleurs au
bon sens et à la raison ; car s'il est nécessaire que,

lorsque le cœur se dilate, les ventricules se remplissent de sang, il n'est pas moins nécessaire que, quand le cœur se contracte, les ventricules se vident et projettent une quantité notable de sang, à cause de la largeur des ouvertures et de la force de la contraction. Il passera ce qu'on voudra, le tiers, la 6e, la 8e partie du sang contenu dans le ventricule dilaté. Ce sera le même rapport qu'entre la capacité du ventricule contracté et celle du ventricule dilaté. Pendant la dilatation, le cœur se remplit, et non pas d'une quantité de sang insignifiante ou imaginaire. De même, pendant sa contraction, il chasse le sang, et non pas une quantité nulle ou imaginaire ; mais la masse du sang envoyé est toujours proportionnelle à la contraction du cœur. Ainsi donc si, dans une seule contraction, le cœur de l'homme, de la brebis ou du bœuf, chasse une seule drachme de sang, et s'il y a mille contractions dans une demi-heure, il faut en conclure que dans une demi-heure le cœur aura fait passer dans les artères dix livres et cinq onces. Si une seule contraction chasse deux drachmes, ce sera en une demi-heure vingt livres et dix drachmes. Si une contraction chasse une demi-once, quarante et une livres, si une once, quatre-vingt-trois livres passeront des veines dans les artères.

Quant à la quantité de sang que les contractions du cœur chassent dans les artères, quant à la raison qui fait varier cette quantité du plus au moins, ce sont des points que je tâcherai de traiter avec

détails, plus tard, d'après mes nombreuses observations.

D'abord je sais, et je voudrais que tout le monde
le sût aussi, que le sang coule en quantité plus ou
moins grande, que la circulation du sang se fait
tantôt avec rapidité, tantôt avec lenteur, selon le
tempérament, l'âge, les causes extérieures et les
causes intérieures, les choses naturelles et non
naturelles, selon le sommeil ou le repos, la nourriture, l'exercice, les passions de l'âme et autres conditions pareilles. Mais, quelque petite que soit la
quantité de sang qui passe par le cœur et les
poumons, il y en a néanmoins bien trop pour que
les aliments ingérés y puissent suffire, à moins que
le sang ne revienne par les mêmes trajets.

C'est ce qui fait penser à tous ceux qui ont pra-
tiqué des vivisections qu'il n'est pas besoin d'ouvrir la grande artère aorte, mais n'importe quelle
petite artère du corps, même chez l'homme, comme
l'a remarqué Galien, pour que tout le sang du corps,
des artères, des veines s'épuise en moins d'une
demi-heure, et les bouchers peuvent dire qu'après
avoir coupé les artères jugulaires d'un bœuf pour
le tuer, il faut moins d'un quart d'heure pour que
tout le sang s'écoule; de même, dans les amputations et les ablations de tumeurs, tous les vaisseaux se vident par suite de l'abondante hémorrhagie, et nous avons pu voir ce fait.

Si l'on dit que, dans ces deux cas, les veines ouvertes laissent échapper le sang, tout autant, si-

non plus que les artères, on n'ébranle pas la force
de cet argument, car on affirmerait une chose
fausse. En effet par les veines le sang ne s'écoule
pas, car il n'y a aucune force qui le chasse en avant;
et la disposition des valvules (comme nous le verrons plus tard) fait qu'une veine ouverte rend très
peu de sang, tandis que par les artères le sang s'é-
lance au dehors à plein jet et avec impétuosité,
comme d'un siphon. D'ailleurs il est une expérience qui consiste à ouvrir l'artère carotide chez
le mouton ou le chien, en respectant la veine : aussitôt le sang sort avec violence, et on voit en peu
de temps, spectacle admirable ! se vider toutes les
artères et toutes les veines du corps. Or, d'après
ce que nous avons dit, il est clair que les veines
et les artères ne communiquent entre elles que par
le cœur. Il n'est plus permis d'en douter, si, après
avoir lié l'aorte au point où elle sort du cœur, et
ouvert l'artère jugulaire ou toute autre artère, on
voit les artères vides et les veines gorgées de
sang.

Par là on voit manifestement pourquoi, en ouvrant les cadavres, on trouve tant de sang dans
les veines et si peu dans les artères, pourquoi il
y en a beaucoup dans le ventricule droit, et à peine
dans le ventricule gauche. Cela avait fait réfléchir
les anciens et leur avait fait croire que pendant
la vie il n'y a que des esprits dans le ventricule
gauche. En réalité, cela tient à ce que le sang des
veines ne peut passer dans les artères qu'en tra-

versant le cœur et les poumons. Alors, l'animal ayant expiré, et les poumons ayant cessé de se mouvoir, le sang ne peut passer des extrémités de l'artère pulmonaire dans la veine pulmonaire et de là dans le ventricule gauche du cœur. Nous avons vu qu'il en est de même pour le fœtus, et que le sang ne peut passer par les poumons : car chez le fœtus ces organes sont immobiles et ne peuvent fermer et rouvrir les pores invisibles qui font communiquer la veine et l'artère pulmonaires. De plus, comme le cœur ne cesse pas de battre après que les poumons ont cessé leurs mouvements, mais qu'il leur survit pendant quelque temps, le ventricule gauche et les artères envoient encore le sang dans toutes les parties du corps et dans les veines; mais, ne recevant plus de sang des poumons, elles se vident rapidement. C'est là une preuve bien forte en faveur de notre système, puisqu'on ne peut donner d'autre raison pour expliquer ces phénomènes.

Il est donc évident que, dans une hémorrhagie, plus les artères battent avec violence, plus le sang s'écoule rapidement au dehors. C'est pourquoi dans les lipothymies, dans la frayeur et autres passions semblables, comme le cœur se contracte lentement et faiblement, on peut calmer et arrêter toutes les hémorrhagies.

C'est pourquoi aussi, sur un cadavre, quand le cœur a cessé de battre, aucun effort ne peut faire sortir guère plus de la moitié de la totalité du sang.

qu'on ouvre la carotide, l'artère ou la veine crurales, ou tout autre vaisseau ; et le boucher doit, avant
de frapper la tête du bœuf qu'il veut abattre, lui
couper l'artère carotide pendant que le cœur se
contracte encore, s'il désire en recueillir tout le
sang.

Enfin il est permis de dire que jusqu'ici personne
n'avait rien soupçonné de vrai sur ces anastomoses des veines et des artères, sur leur situation,
leur disposition et leurs causes : j'arrive maintenant à cette étude.

CHAPITRE X

Jusqu'ici le calcul, les expériences, les dissections
ont confirmé notre première hypothèse, que le
sang passe continuellement dans les artères, et
en trop grande quantité pour que les aliments y
puissent suffire, en sorte que, comme la totalité
du sang passe en très peu de temps par le même
endroit, le sang doit nécessairement revenir par
les mêmes voies et accomplir un véritable circuit.

On dit qu'il peut passer une grande quantité de
sang par le même endroit, sans que, pour cela, il
y ait nécessairement une circulation, les aliments
ingérés pouvant y suffire ; et on allègue la sécrétion du lait dans les mamelles : la vache peut don-

ner, en un jour, trois, quatre, sept pintes de lait,
ou même plus ; la femme peut donner chaque
jour, en nourrissant un enfant ou même deux ju-
meaux, une, deux et même trois pintes de lait. Ce
lait vient évidemment des aliments qu'elles ont
pris. Nous répondrons à cette objection qu'en comptant bien, on constate que le cœur envoie, en une
heure ou deux, autant et même plus de sang.

Mais, si l'on n'était pas encore persuadé, on pourrait dire que, lorsque l'artère est disséquée et ouverte, si le sang s'échappe avec violence au dehors,
c'est là un fait anormal ; que les choses ne se passent pas ainsi, quand le corps est sain, et les artères pleines, sans ouverture, dans leur état normal ; que dans ce cas il ne coule pas autant de
sang en si peu de temps au même endroit, et qu'il
n'y a pas besoin d'y admettre une circulation. Je
répondrai en renvoyant aux calculs et aux raisonnements que j'ai faits à l'autre chapitre. Toute
la différence du sang contenu dans le cœur dilaté
avec le sang contenu dans le cœur contracté, est
lancée, et presque en totalité, par chaque contraction du cœur, dans le corps parfaitement intact
et sans blessures.

Sur les serpents et quelques poissons vivants,
en liant les veines un peu au-dessus du cœur, on
verra se vider rapidement l'espace compris entre
la ligature et le cœur, si bien qu'il faut admettre
que le sang circule, à moins qu'on ne nie cette
expérience. Du reste, nous expliquerons ce fait plus

clairement dans la preuve de la seconde hypothèse.

Concluons en confirmant tous ces faits par un exemple auquel chacun croira ; car on pourra le vérifier de ses propres yeux. Si on ouvre un serpent vivant, on voit pendant plus d'une heure le cœur se contracter lentement, distinctement, et dans ces alternatives de raccourcissement et d'allongement, s'agiter comme un véritable ver, blanchir dans la systole, rougir dans la diastole : nous voyons, en un mot, des phénomènes qui vont pouvoir confirmer notre supposition, car tous les mouvements se font longuement et distinctement, et l'évidence de notre théorie apparaîtra au grand jour. La veine cave entre dans la partie inférieure du cœur. L'artère en sort à la partie supérieure. Si alors on intercepte le cours du sang, un peu au-dessous du cœur, en saisissant la veine cave avec des pinces, ou entre le pouce et l'index, le cœur continue à se contracter, et en même temps la partie comprise entre les doigts et le cœur se vide en peu d'instants, le sang étant attiré par la dilatation du cœur. Puis le cœur blanchit lorsqu'il se dilate ; le sang lui faisant défaut, il paraît diminuer, battre avec moins de force et finalement mourir. Si, au contraire, on desserre la veine, le cœur se colore et s'agrandit. Si ensuite, laissant les veines, on lie les artères à une certaine distance du cœur, ou si on les comprime, on les voit se gonfler énormément au-dessous de la ligature : le cœur est distendu violemment, et il prend une couleur pour-

pre: il est si gorgé de sang qu'il semble être sur le
point d'étouffer; mais, si l'on desserre le lien artériel, on voit le cœur revenir aussitôt à son état na-
turel de coloration, de forme et de contraction.

Ainsi donc voilà deux genres de mort : l'absence
de sang qui épuise, l'afflux de sang qui étouffe. On
peut facilement, comme je l'ai dit, voir de ses propres yeux ce double phénomène, qui confirme par
l'expérience directe la vérité que j'avais avancée.

CHAPITRE XI

CONFIRMATION DE LA SECONDE HYPOTHÈSE

Nous allons maintenant démontrer la seconde hypothèse, pour qu'il apparaisse clairement à tous, par des expériences, que le sang pénètre par les artères dans toutes les parties du corps et revient par les veines, que les artères partent du cœur pour amener le sang dans le corps, et que les veines sont la voie de retour du sang dans le cœur lui-même. Ainsi aux extrémités du corps le sang passe des artères dans les veines, soit par des anastomoses, soit en s'infiltrant dans les porosités des tissus, comme nous l'avons vu, dans le thorax, passer des artères dans les veines. Nous rendrons donc évident ce fait que le sang accomplit un circuit par lequel il va du centre à la périphérie, et de la périphérie au centre.

Nous verrons ensuite qu'il passe en un temps donné dans tel ou tel vaisseau bien plus de sang que les aliments n'en pourraient fournir, et que la nutrition n'en exigerait.

En même temps nous montrerons les résultats des ligatures (compressions par des bandes), résultats qui ne sont dus ni à la chaleur, ni à la douleur, ni même à l'horreur du vide, ni aux causes qu'on leur attribuait auparavant. Nous parlerons des avantages que la médecine peut retirer de ces ligatures. Nous dirons comment elles peuvent arrêter ou provoquer l'hémorrhagie, amener la gangrène et la mortification ; comment encore on les met à profit pour la castration de certains animaux et la destruction des tumeurs charnues et des verrues.

En effet, comme personne n'a su donner la véritable explication de tous ces phénomènes, presque tous les médecins, pour la guérison des maladies, emploient et conseillent les ligatures, d'après les préceptes des Anciens; mais il en est bien peu qui en fassent une application méthodique, augmentant sérieusement par ce moyen les ressources de la thérapeutique.

On distingue les ligatures serrées et les ligatures lâches.

Les ligatures sont serrées quand le membre se trouve exactement comprimé par une bande ou un lien circulaire, de manière que l'on ne sente plus battre les artères au-dessous de la ligature. 'C'est ce que nous faisons dans les amputations, pour empêcher l'écoulement du sang. C'est ce qu'on fait pour la castration chez les animaux et la destruction des tumeurs. La ligature intercepte absolument l'afflux des éléments nutritifs et de la chaleur, et on voit ou les testicules ou les énormes tumeurs sarcomateuses se flétrir, mourir et tomber.

La compression est lâche, au contraire, quand on comprime le membre de toutes parts, mais sans causer de douleurs, de sorte que les artères battent encore faiblement au-dessous de la ligature ; c'est ce que l'on fait dans la saignée. En effet, quoiqu'on fasse la compression au-dessus de l'avant-bras, on peut sentir battre faiblement le pouls des artères du carpe, si, avant la phlébotomie, la compression a été bien faite.

Faisons l'expérience sur le bras d'un homme, et entourons-le d'une bande, comme on fait avant la saignée, ou serrons fortement le bras avec la main. Il faudra choisir de préférence un bras maigre où les veines soient bien apparentes. Il faudra aussi que le corps, comme les extrémités, soit bien chauffé, de manière qu'il y ait une plus grande quantité de sang aux extrémités, et que les pulsations soient plus énergiques ; car dans ces deux conditions tous les phénomènes sont bien plus apparents.

La compression circulaire ayant donc été faite aussi complètement qu'on pourra la supporter, on peut d'abord observer que, du côté de la main, au-dessous de la ligature, le pouls a complètement cessé de battre au carpe ou ailleurs. Cependant immédiatement au-dessus de la bande, l'artère continue à battre; mais avec une diastole plus forte et plus énergique; elle semble, près de la ligature, grossir et se gonfler à la manière d'un flot, comme si, son cours étant interrompu, elle s'efforçait de franchir l'obstacle et de continuer son cours : en ce point elle paraît plus gonflée que naturellement. Quant à la main, elle conserve sa coloration, sa constitution, à cela près, qu'au bout d'un certain temps elle commence à se refroidir, mais nulle parcelle de sang n'y pénètre.

Si cette étroite compression a été maintenue pendant quelque temps, et qu'ensuite on la relâche peu à peu, comme on a l'habitude de le faire pour la saignée, voici ce qu'on observe.

Aussitôt la main tout entière se colore, se gonfle ; les veines s'enflent, deviennent variqueuses : dix à douze pulsations des artères amènent une grande quantité de sang qui s'amasse dans la main et la remplit. Cette compression incomplète attire donc une grande quantité de sang, et cela sans douleur, sans chaleur, sans horreur du vide, sans les causes alléguées auparavant. Si on applique le doigt sur l'artère au moment où on commence à relâcher la compression, on sentira recommencer les battements, à mesure que le sang, reprenant son cours, revient doucement dans la main.

Quant à la personne sur le bras de laquelle on fait l'expérience, au moment où la compression se relâche, elle sentira sur-le-champ revenir, avec les pulsations de l'artère, la chaleur et le sang qui paraît avoir franchi un obstacle. Quelque chose sur le trajet des artères semble s'être subitement gonflé et s'être répandu dans la main qui s'est échauffée et distendue aussitôt.

De même qu'une compression étroite fait battre et gonfle les artères placées au-dessus, arrête le pouls de celles qui sont au-dessous, de même une compression incomplète gonfle et fait saillir les veines et les petites artères placées au-dessous, mais non pas celles qui sont au-dessus. Bien plus, si alors on comprime les veines ainsi gonflées et dilatées, à moins qu'on n'emploie une très grande force, c'est à peine si on voit le sang traverser la ligature et distendre les veines placées au-dessus.

Ainsi donc tous ceux qui examineront ces faits avec attention reconnaîtront facilement que le sang passe par les artères, et que celles-ci n'attirent pas le sang si la compression est étroite. La main conserve sa couleur, ne reçoit pas de sang et ne se gonfle pas. Mais, si la compression est un peu relâchée, la force et l'impulsion du sang font qu'il passe un peu de sang dans la main. On la voit très bien se gonfler, dès que le pouls recommence à battre et le sang à y pénétrer. Cette compression modérée n'empêche pas le sang d'y pénétrer, tandis que, si elle est étroite, rien ne peut traverser la ligature. En tout cas, si on comprime les veines, aucune parcelle de sang ne peut en sortir. Elles sont bien plus gonflées au-dessous qu'au-dessus de la compression, bien plus quand on la fait que quand on ne la fait pas. Donc la compression empêche le sang de passer des veines qui sont au-dessous dans celles qui sont au-dessus, et alors les veines inférieures restent gonflées, tant que dure la compression.

Mais une compression incomplète n'empêche pas les artères de laisser passer le sang que la contraction du cœur y a lancé. On voit donc qu'il y a cette différence entre les deux sortes de compressions, que la compression complète empêche le passage du sang non seulement par les veines, mais aussi par les artères, tandis que la compression incomplète ne suffit pas pour mettre un obstacle à l'impulsion du sang des artères et n'empêche pas le sang de passer au-dessous de la compression, tout en l'empêchant de revenir au delà. Pourquoi donc voyons-nous, dans la compression incomplète, les veines se gonfler et la main s'emplir de sang ? Est-ce par les veines que le sang arrive, ou par les artères, ou par les porosités invisibles des tissus? Par les veines, cela ne se peut. Par les pores invisibles encore moins. C'est donc par les artères. Or le sang ne peut revenir par les veines, ni remonter au-dessus de la compression, à moins qu'on n'enlève toute la compression. On voit alors les veines se dégonfler, et le sang remonter dans les parties sus-jacentes. La main redevient blanche, et toute cette masse de sang, qui remplissait et gonflait la main, s'évanouit en un moment.

Celui-là, du reste, dont le bras aura été comprimé

pendant longtemps, et dont les mains seront/ en-
flées et un peu refroidies, sentira, quand la compression incomplète aura été enlevée, un froid su-
bit se répandre jusqu'au coude et à l'aisselle, en
même temps que le sang revient dans la main. Pour
moi, ce retour du sang froid dans le cœur, après la
saignée, quand la compression aura été enlevée,
paraît être la cause de la lipothymie que j'ai vue
survenir, même chez les sujets les plus robustes,
lorsqu'on ôte la bande, tandis qu'on croit, en général, qu'elle est due au retour du sang.

Ce passage du sang dans les artères quand la
compression est incomplète, et ce gonflement des
veines placées au-dessous, nous démontrent que
le sang va des artères dans les veines et non en sens
contraire, et qu'il y a ou des anastomoses entre ces
vaisseaux, ou des porosités dans les tissus qui permettent le passage du sang. Et, pour la compression incomplète faite au pli du coude, le gonflement
simultané de toutes les veines nous montre qu'il y
a entre ces vaisseaux de nombreuses anastomoses.
D'ailleurs, quand on pique une de ces veines avec
un scalpel pour donner issue au sang, on les voit
se dégonfler toutes au même moment et se désemplir presque toutes par l'ouverture d'une seule
veine. Ainsi chacun peut s'expliquer les causes de
cette congestion sanguine dans la compression et
peut-être les causes de tous les gonflements. Les
veines étant comprimées par cette compression
incomplète ne laissent pas revenir le sang ; et ce-

pendant la force des artères, c'est-à-dire du cœur, continue à pousser le sang en avant ; il est donc nécessaire que les parties comprises au-dessous de la ligature, ne pouvant se désemplir, se distendent.

Comment pourrait-il en être autrement ? La chaleur, la douleur, l'horreur du vide attirent bien le sang dans une partie, mais pour la remplir et non pour la distendre, et la gonfler extraordinairement au point que le sang s'y trouve violemment accumulé et comprimé avec tant de force, qu'il y a des solutions de continuité dans les tissus et des ruptures dans les vaisseaux. Il est impossible de penser et de prouver que ces effets sont dus à la chaleur, à la douleur, ou à l'horreur du vide.

Ainsi, par l'effet de la ligature, il se fait une congestion qui n'est due ni à la douleur, ni à la chaleur, ni à l'horreur du vide. Si la douleur amenait le sang dans un membre, comment, quand on comprime le bras au coude, les veines de la main, et des doigts pourraient-elles se gonfler et devenir variqueuses au-dessus de la ligature, puisque la compression empêche le sang de revenir par les veines, et qu'au-dessus il n'y a aucun signe de gonflement, de réplétion, de turgescence veineuse, de congestion, d'afflux sanguin ?

La cause de cette congestion et de ce gonflement extraordinaire à la main et aux doigts au-dessous de la ligature est donc évidemment l'afflux du sang qui entre dans ces parties, mais ne peut en sortir. Est-ce la cause de toutes les tumeurs, comme le

veut Avicenne, et de toutes les congestions qui af-
fectent les différentes parties de notre corps ? Le
sang pouvant entrer, mais ne pouvant sortir, doit-
il nécessairement congestionner ces parties et former des tumeurs ?

Est-ce ainsi que se forment les tumeurs inflam-
matoires ? Avant qu'elles n'aient pris tout leur
développement et qu'elles soient arrivées à leur
dernière période, on sent, à l'endroit où elles vont
se produire, un pouls plein, surtout pour les tumeurs chaudes qui grossissent presque subitement.
Mais je traiterai ce sujet plus tard. J'ai d'ailleurs
un fait qui m'est personnel et qui se rapporte au
même objet. Etant tombé de voiture, je reçus un
coup sur le front à l'endroit où passe un petit ra-
meau de l'artère temporale. Je sentis une tumeur
qui, se développant sans chaleur et sans grande douleur, atteignit la grosseur d'un œuf au bout d'une
vingtaine de pulsations : ce qui tenait probablement au voisinage de l'artère. Le sang était poussé
avec plus de force et plus de rapidité dans l'endroit
contusionné.

C'est pourquoi, dans la phlébotomie, quand nous
voulons faire jaillir le sang au loin et avec violence, nous lions au-dessus et non au-dessous de
l'endroit que nous voulons saigner. Si le sang ve-
nait des veines placées au-dessus, cette compression
serait un obstacle, au lieu d'être une aide, et il serait rationnel de comprimer au-dessous de la saignée pour arrêter le sang et le faire s'écouler avec

plus d'abondance, si réellement le sang descendait par les veines des parties sus-jacentes. Mais comme le sang passe des artères dans les veines qui sont au-dessous, le retour du sang est empêché par la compression de ces dernières. Les veines se gonflent, et lorsqu'une ouverture a été faite, le sang sort par cet orifice avec bien plus d'impétuosité. Mais, si vous ôtez la compression, la voie de retour est ouverte, et le sang ne coule plus par la plaie que goutte à goutte. Tout le monde sait que, dans une saignée, soit en détachant la bande de compression, soit en liant au-dessous de la saignée, soit en liant le membre avec une grande force, le sang ne sort plus qu'en bavant. C'est que, d'une part, le passage du sang dans les artères est arrêté par une compression trop forte, et que, d'autre part, le retour du sang se fait facilement par les veines quand la bande a été enlevée.

CHAPITRE XII

LA CONFIRMATION DE LA SECONDE HYPOTHÈSE DÉMONTRE LA CIRCULATION DU SANG

Cette démonstration va vous prouver ce que je disais auparavant, c'est-à-dire que le sang passe sans interruption à travers le cœur. Nous voyons enfin que presque toute la masse du sang peut s'écouler par une des veines de la peau du bras, ouverte par un scalpel, pourvu que la compression ait été bien faite. Nous voyons en outre qu'il sort avec tant de force et d'impétuosité que non seulement le sang qui était contenu dans le bras au-dessous de la ligature, mais le sang de tout le bras et de tout le corps, aussi bien celui des artères que celui des veines, s'écoule par la veine ouverte.

Aussi faut-il reconnaître que, s'il sort avec force, cela tient d'abord à ce qu'il est poussé avec force contre la ligature et que la cause première en est dans la pulsation et la puissance du cœur; car la force et l'impulsion du sang ne viennent que du cœur.

Ensuite il faut admettre que ce flot vient du cœur, et qu'il passe par le cœur au moyen des grandes veines qui l'y amènent, puisque le sang passe au-dessous de la ligature par les veines et non par les artères, et que les artères ne reçoivent le sang des veines qu'en un seul endroit, c'est-à-dire au ventricule gauche du cœur.

Et le bras ayant été comprimé au-dessus, la totalité du sang n'aurait pu s'écouler par une seule veine, avec tant de force, de vitesse et de facilité, s'il n'avait pas reçu l'impulsion du cœur, comme nous l'avons montré plus haut.

Maintenant calculons la quantité de sang qui passe dans les veines, et démontrons à l'aide de calculs le mouvement circulaire du sang. En effet, si, dans la saignée, quand le sang sort avec force et impétuosité, on le laissait pendant une demi-heure s'écouler avec cette rapidité, certainement la plus grande partie du sang s'écoulerait, il y aurait lipothymie et syncope, et non seulement les artères, mais aussi les grandes veines se videraient presque complètement de sang. Il est donc rationnel d'admettre qu'en une demi-heure il passe au moins une aussi grande quantité de sang par le cœur de la veine cave dans l'aorte. Comptez ce qui passe d'onces de sang dans un seul bras, au-dessous d'une ligature, pendant vingt ou trente pulsations, et vous pourrez vous faire une idée de ce qui doit passer par l'autre bras, par les deux veines, de chaque côté du cou, et dans toutes les autres veines du corps. Il se fait donc, dans tous ces vaisseaux qui fournissent continuellement aux poumons et aux ventricules du cœur une nouvelle quantité de sang (ce sang arrive nécessairement par les veines), une véritable circulation, puisque les aliments n'y pourraient suffire, et que la nutrition des tissus est loin d'en exiger autant.

Remarquons de plus qu'en faisant une saignée on peut avoir la confirmation de cette vérité. En vain vous aurez bien fait la compression et ouvert la veine avec le scalpel ainsi qu'il convient; en vain l'opération aura été parfaitement faite, si la crainte ou toute autre cause, ou une émotion, ou la lipothymie arrivent au malade ; si, en un mot, le cœur bat avec moins de force, le sang ne sortira plus que goutte à goutte, surtout si la ligature a été un peu serrée. C'est que le cœur, donnant au sang une impulsion plus faible et plus languissante, n'est pas assez fort pour lui faire franchir la bande à ligature ; et le cœur affaibli et languissant ne peut faire passer en suffisante quantité le sang dans les poumons, des veines dans les artères. C'est de la même manière et pour la même cause que s'arrêtent les menstrues des femmes et toutes les hémorrhagies. Le contraire est tout aussi démonstratif. Quand le courage revient, quand la crainte disparaît, quand le malade reprend ses

sens, la force pulsative du cœur s'accroît, et aussitôt les artères recommencent à battre. Même au-
dessous de la ligature on sent le pouls au carpe,
et par la veine ouverte le sang jaillit au loin d'un
jet continu.

CHAPITRE XIII

CONFIRMATION DE LA TROISIÈME HYPOTHÈSE,
QUI DÉMONTRE LA CIRCULATION DU SANG

Jusqu'ici nous avons parlé de la quantité de sang qui, d'une part, au centre du corps, passe par le cœur et par les poumons, et d'autre part, aux extrémités, passe par les artères pour revenir dans les veines. Il nous reste à expliquer comment le sang retourne par les veines des extrémités du corps au cœur, et comment les veines sont des vaisseaux dont la seule fonction est de ramener le sang des extrémités au centre. Cela fait, nous pourrons considérer les trois propositions fondamentales que nous avions établies pour démontrer la circulation du sang, comme certaines, comme vraies, comme sûres, comme suffisamment prouvées pour être admises.

C'est ce que vont nous prouver la forme des valvules placées à l'intérieur des veines, leurs usages, et les expériences qu'on peut faire à ce sujet.

C'est à l'illustre Jérôme Fabrice d'Acquapendente, très habile anatomiste et vénérable vieillard, ou, comme le veut le très savant Riolan, à
Jacques Silvius, que revient l'honneur d'avoir d'a-
bord décrit et représenté les valvules membraneuses des veines, sigmoïdes ou semi-lunaires, qu'on
peut regarder comme une portion extrêmement
mince de la tunique intérieure des veines, faisant
saillie dans les vaisseaux : elles sont placées à une
certaine distance les unes des autres et en des endroits qui ne sont pas les mêmes chez les différents
individus ; accolées sur les parties latérales de la
veine, elles ont leur sommet tourné vers l'origine
de la veine et regardant la lumière du vaisseau :
il y en a quelquefois deux ensemble. Alors toutes
deux sont vis-à-vis l'une de l'autre et se touchent.
Elles adhèrent tellement par leurs bords libres,
qu'on pourrait les adapter l'une à l'autre, en sorte
qu'elles empêchent complètement le sang de passer de l'origine d'une veine dans ses subdivisions,
et d'une grande veine dans une petite : ainsi le
bord concave des unes regarde le bord convexe de
celles qui précèdent, et réciproquement.

L'anatomiste qui a découvert ces valvules n'a pas
su trouver leur véritable usage, et les autres auteurs n'y ont rien ajouté. Elles ne sont point, en
effet, destinées à empêcher la masse du sang de
s'amasser en totalité dans les parties inférieures du
corps ; car il y en a dans les jugulaires qui regar-

dent en haut pour empêcher le sang de remonter, non
dans toutes les directions, mais toujours vers l'o-
rigine des veines et la région du cœur. Quant à
moi, comme d'autres auteurs du reste, j'en ai quelquefois vu dans les veines émulgentes et dans les
vaisseaux mésentériques, qui regardaient du côté
de la veine cave et de la veine porte. Ajoutons
qu'on n'en trouve pas dans les artères, et que les
chiens comme les bœufs ont tous des valvules au
point où se divisent les veines crurales, au commencement du sacrum ou dans les branches veineuses qui sont voisines de l'os coxal. Là cependant le
poids du sang n'est pas à craindre, à cause de la
station horizontale. Et ce n'est pas, comme le di-
sent quelques auteurs, pour prévenir les apoplexies
qu'il y a des valvules dans les veines jugulaires,
car, pendant le sommeil, il faut que le sang puisse
facilement passer dans la tête.

Les valvules ne sont pas non plus pour que le
sang s'arrête aux points où il y a des embranchements, afin de se distribuer aux petites branches
et de ne pas se rendre en totalité dans des branches plus vastes et plus largement ouvertes ; car
il y a des valvules ailleurs qu'aux embranchements.
Il faut néanmoins avouer que je les ai vues être
plus nombreuses là où il y a des embranchements.

Elles ne sont pas non plus pour retarder le mouvement du sang qui est chassé du centre du corps.
La vitesse du sang est déjà par elle-même assez
retardée, et parce qu'il passe des grands vaisseaux

dans les plus petits, et parce qu'il se sépare des centres, et parce qu'il passe d'endroits plus chauds dans des endroits plus froids. Mais les valvules sont destinées à empêcher le sang de passer des grandes veines dans les veines les plus petites, pour qu'il ne les déchire pas, ni les rende variqueuses, et pour qu'au lieu d'aller du centre du corps aux extrémités il s'avance au contraire des extrémités au centre. Pour le mouvement de progression vers le centre, les valvules qui sont minces, s'abaissent facilement, mais empêchent le mouvement contraire. Elles sont placées et disposées de telle sorte que, s'il s'écoule goutte à goutte un peu de sang par la concavité d'une valvule supérieure, la valvule inférieure, placée transversalement, reçoit le sang par son bord concave et l'empêche d'aller plus loin.

Très souvent j'ai observé, en disséquant des veines, que si l'on commence à leur origine (autant du moins qu'il est possible) une injection du côté de leurs petites branches, on est arrêté par l'obstacle des valvules qui empêchent d'aller plus loin. Si, au contraire, on veut aller des petites branches veineuses à l'origine de la veine, on n'éprouve aucune difficulté. C'est que les valvules, placées deux à deux, l'une vis-à-vis de l'autre, quand elles se relèvent, adhèrent par leur bord libre, au milieu de la veine, de manière qu'on n'aperçoit ni avec l'œil, ni avec le stylet, la plus petite ouverture. Mais elles cèdent avec la plus grande facilité devant le stylet qu'on introduit, et, de même que les écluses qui s'opposent au cours des fleuves, elles s'abaissent très facilement ; au contraire, elles se relèvent pour intercepter le cours du sang qui pourrait revenir du cœur et de la veine cave, et en divers endroits, elles l'arrêtent et le suppriment complètement en se fermant.

Elles sont ainsi disposées qu'elles empêchent toujours que le sang veineux du cœur revienne ou en haut à la tête, ou en bas aux pieds, ou sur les côtés aux bras, et elles s'opposent complètement à ce qu'il se dirige des grandes veines dans les veines plus petites. Au contraire, elles laissent une voie large et facile au sang qui va des petites veines dans les veines plus grosses, et elles favorisent ce mouvement en lui laissant la voie largement ouverte.

Mais, pour rendre cette vérité encore plus évidente, lions au-dessus du coude le bras de quelqu'un, comme pour pratiquer une saignée (A. A). On verra sur les veines, par intervalles, surtout chez les sujets vigoureux et disposés aux varices, comme des nodosités et des tubercules (B. C. DD. E. F), non seulement là où il y a bifurcation (E. F), mais encore là où il n'y en a pas (C. D) : ces nodosités sont dues à des valvules. Si alors, sur ces veines apparaissant à la partie externe de la main ou de l'avant-bras, on chasse le sang avec le doigt (H, fig. 2), on verra qu'au-dessous de la nodosité, la valvule empêche complètement le sang de passer, et que

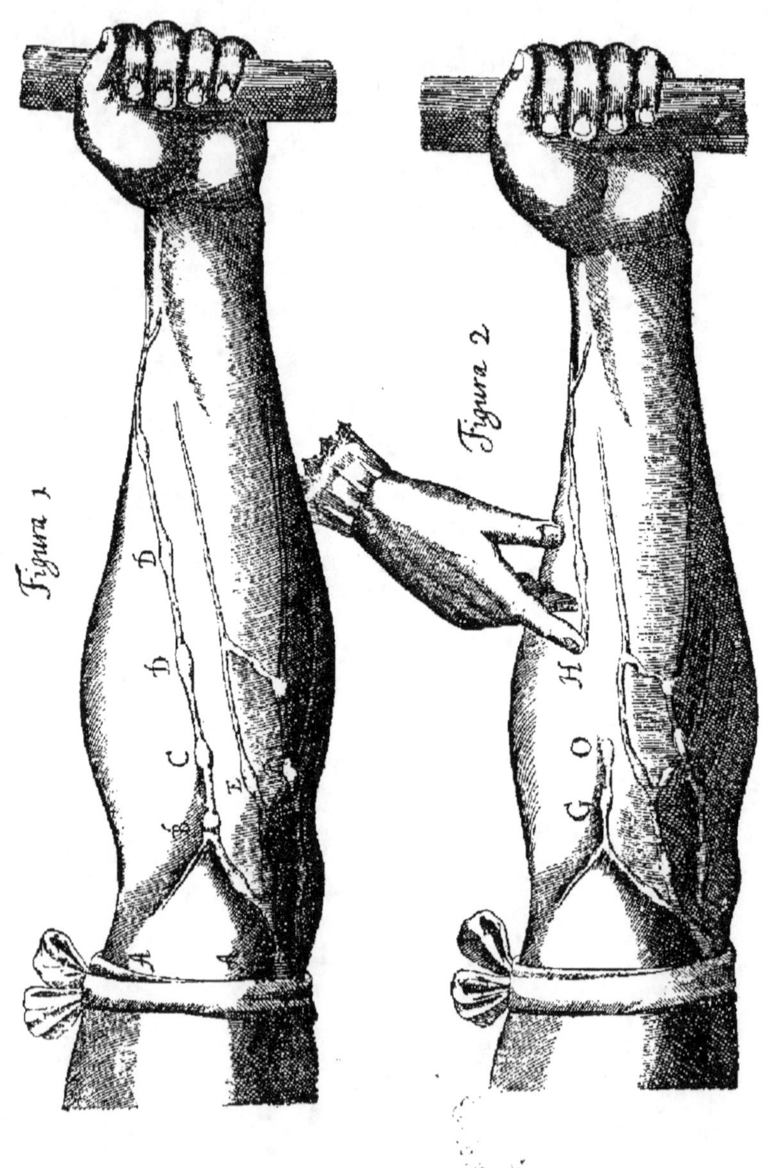

Figura 1
Figura 2

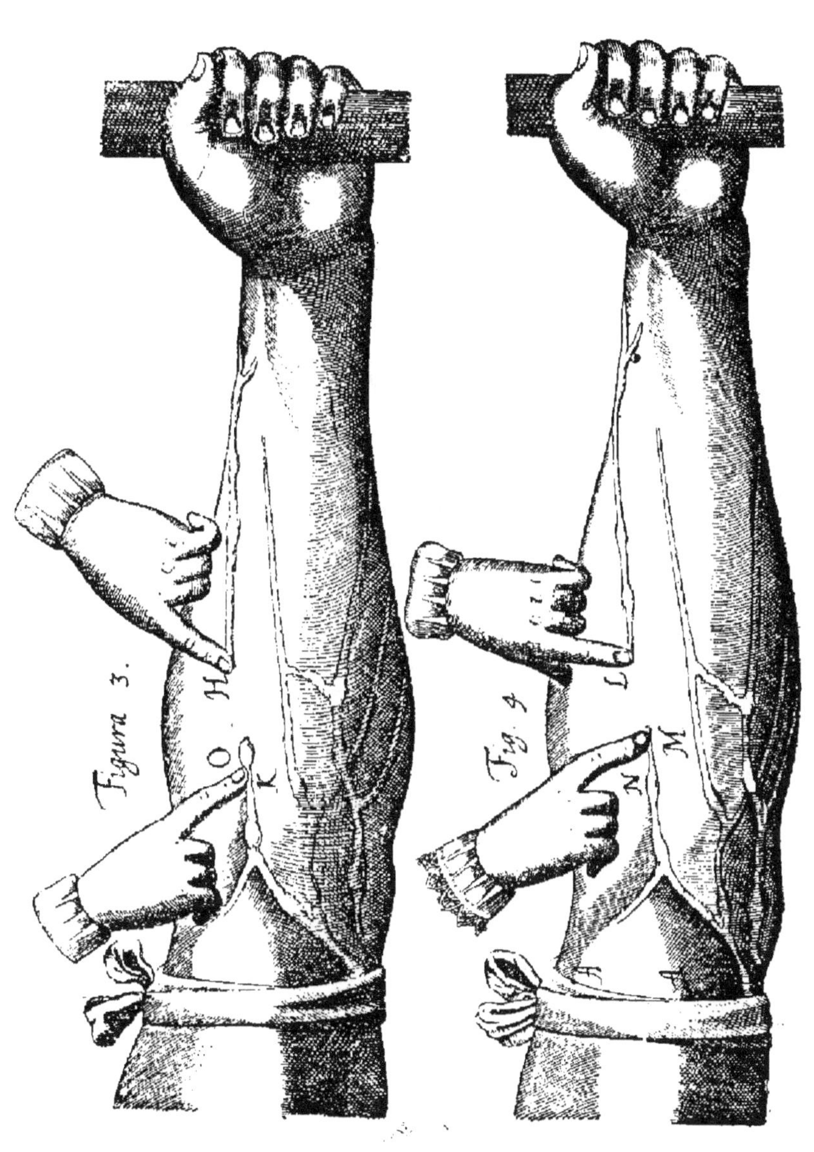

Figura 3.
H
O
K
Fig. 4
L
N
M

la portion de veine (H. O. fig. 2) comprise entre la nodosité et le doigt parait oblitérée. Cependant au-
dessus de cette nodosité ou de cette !valvule, elle
est assez distendue (O. G), tandis que la partie de
la veine (H) dont le sang a été retiré restera vide.
Alors si, de l'autre main, on comprime en K (fig. 3),
au-dessus de la valvule O, la force du sang ne le
fera pas redescendre ou passer au-delà de la valvule. Plus on appuiera fortement, plus la veine sera
gonflée et distendue du côté de la valvule ou de la
nodosité (O), et cependant elle sera vide au-dessous
(H. O, fig. 3).

Cette expérience que chacun peut répéter en différentes régions, montre que le sens des valvules
dans les veines est le même que celui des trois valvules sigmoïdes qui sont disposées à l'orifice de
l'aorte et de la veine artérieuse; elles ferment l'orifice et ne laissent pas le sang qui y passe revenir
en arrière.

Continuons ces expériences sur la compression
du bras : en A. A les veines resteront gonflées. Si,
à quelque distance au-dessous d'une nodosité ou
d'une valvule, on met le doigt en L, par exemple
(fig. 4), et si on met un autre doigt (M) un peu plus
haut, qui comprime le sang en N jusqu'au-dessous
de la valvule, on verra que cette partie (L. N) reste
vide, et que le sang ne peut pas revenir au-dessous
de la valvule, absolument comme H et O dans la
figure 2. Mais si on ôte le doigt en H, aussitôt le
sang revient des veines inférieures et remplit l'es-

pace H. O. Il est donc évident que le sang remonte des veines inférieures à celles qui sont au-dessus, et de là au cœur, que par conséquent il se meut dans les veines, sans que la chose puisse en être autrement. Il est vrai qu'il y a des veines où des valvules ne ferment pas exactement l'orifice, et où il n'y a qu'une valvule : on pourrait donc croire que le sang peut revenir en arrière. Mais il faut supposer ou qu'il y a eu négligence dans l'observation des valvules, ou que leur insuffisance en certains points est compensée par la grande quantité de valvules régulièrement disposées en d'autres points, ou par toute autre cause : car les veines, tout en laissant parfaitement le sang des artères revenir au cœur, sont tout à fait fermées pour le sang qui reviendrait du cœur. Notons encore que sur un bras lié par une bande, comme nous venons de le dire, les veines étant gonflées par des nodosités dues aux valvules, si on choisit un endroit placé au-dessous d'une de ces valvules à une certaine distance, si on y met le pouce pour fixer la veine, on pourra exprimer avec le doigt tout le sang compris dans cette portion de la veine qui est au-dessous de la valvule (L. N). On empêchera ainsi le sang de revenir à partir du point où l'on a mis le doigt. En enlevant ce doigt L, on permettra à cet espace de se remplir du sang qui vient des veines placées au-dessous (D. C), et en remettant le doigt, puis en l'ôtant, on pourra répéter en peu d'instants des milliers de fois cette expérience.

Calculez maintenant combien de sang vous au- rez arrêté en mettant le doigt au-dessus de la val- vule, et multipliez cette quantité par milliers ; vous verrez alors quelle grande quantité de sang passe ainsi dans cette petite portion de veine, en un temps aussi court, et je crois que vous serez bien con- vaincu de la circulation du sang et de la rapidité de son mouvement.

N'allez pas dire que par cette expérience on fait violence à la nature, car en agissant ainsi pour des valvules très éloignées les unes des autres et en ôtant le pouce aussi vite qu'on le pourra, on verra le sang revenir rapidement des parties in- férieures et remplir la veine, et je ne doute pas que vous ne répétiez cette expérience.

CHAPITRE XIV

CONCLUSION DE LA DÉMONSTRATION
DE LA CIRCULATION DU SANG

Maintenant nous pouvons exprimer nos idées sur la circulation du sang et proposer cette doctrine à tous.

Les raisonnements et les démonstrations expérimentales ont confirmé que le sang passe par les poumons et le cœur, qu'il est chassé par la contraction des ventricules, que, de là, il est lancé dans tout le corps, qu'il pénètre dans les porosités des tissus et dans les veines, qu'il s'écoule ensuite par les veines de la circonférence au centre, et des petites veines dans les grandes, qu'enfin il arrive à la veine cave et à l'oreillette droite du cœur. Il passe ainsi une très grande masse de sang, et dans les artères où il descend, et dans les veines où il remonte, beaucoup trop pour que les aliments puissent y suffire, beaucoup plus que la nutrition ne l'exigerait. Il faut donc nécessairement conclure que chez les animaux le sang est animé d'un mouvement circulaire qui l'emporte dans une agitation perpétuelle, et que c'est là le rôle, c'est là la fonction du cœur dont la contraction est la cause unique de tous ces mouvements.

CHAPITRE XV

LA CIRCULATION DU SANG CONFIRMÉE
PAR LES VRAISEMBLANCES

Il ne sera pas hors de propos d'ajouter que, pour justifier certaines opinions vulgaires, il est convenable et même nécessaire d'admettre la circulation du sang. D'abord (Aristote, « De respiratione : De partibus animalium, lib. II et III et ailleurs ») la mort est une corruption qui vient du défaut de chaleur : tout ce qui est animé possède la chaleur, et tout ce qui est mort en est dépourvu. Il faut donc qu'il y ait un point qui soit l'origine de cette chaleur, qui soit comme le foyer tutélaire où la chaleur naturelle et les éléments du feu sont contenus et conservés, que de ce foyer la chaleur et la vie se répandent dans toutes les parties du corps, que ce foyer reçoive les aliments, et que de lui dépendent la digestion, la nutrition et toute l'existence animale.

Ce foyer, c'est le cœur, qui est le principe de la vie, ainsi que nous l'avons dit, et personne n'en doutera.

Le sang doit donc se mouvoir de manière à retourner au cœur ; car, lorsqu'il est aux extrémités du corps, bien loin de la source dont il dérive, il se coagule dès qu'il est immobile (Aristote, « **De** partibus anim., » I7). C'est le mouvement qui chez tous les animaux engendre et conserve la chaleur et l'esprit vital, qui disparaissent par le repos.C'est pourquoi le sang épaissi et congelé par le refroidissement des extrémités du corps et de l'air ambiant, et privé d'esprits, comme sur un cadavre, doit nécessairement retourner à la source d'où il dérive pour y reprendre la chaleur et l'esprit vital et y retrouver la vie.

Nous voyons que quelquefois les extrémités des membres sont glacées par le froid extérieur, que le nez, les mains et les joues deviennent livides, comme sur le cadavre. Mais le sang (comme celui des cadavres qui tombe selon les lois de la pesanteur) s'arrête, et les membres, livides, engourdis et difficiles à mouvoir, semblent presque avoir perdu la vie. Certes ils ne pourraient recouvrer sitôt leur chaleur, leur coloration et leur vitalité, s'ils n'étaient réchauffés par un afflux de sang qui apporte la chaleur du foyer central. Comment en effet attireraient-ils le sang, puisque la chaleur et la vie ont presque disparu, puisque les vaisseaux sont resserrés et remplis de sang congelé ? Comment recevraient-ils l'arrivée du sang nutritif, s'ils ne pouvaient renvoyer celui qu'ils contenaient déjà, si en un mot le cœur n'existait pas, ou un principe analogue, où réside la vie et la chaleur (comme le veut Aristote, « De respiratione, » II), d'où les artères peuvent ramener dans les parties refroidies un sang nouveau, chaud et animé par les esprits ? Le sang refroidi et épuisé est repoussé en avant et toutes les particules du nouveau sang rétablissent la chaleur languissante et l'esprit vital presque éteint.

Il résulte de là que, lorsque le cœur n'est pas atteint, toutes les parties du corps peuvent être rendues à la vie ou recouvrer la santé. Mais, quand le cœur est refroidi on atteint par une lésion grave, l'animal doit nécessairement souffrir et se corrompre, son principe étant souffrant et corrompu. Rien en effet (Aristote, « De partibus animal., » III) ne peut remplacer le cœur et les fonctions qui en dépendent. C'est peut-être pour cette raison que le chagrin, l'amour, l'envie, les soucis, peuvent produire la consomption, le dépérissement, la cacochymie et les différents maux qui amènent les maladies et font périr les hommes. Car tous les sentiments de l'âme, douleur, joie, espérance, inquiétude, qui agitent l'esprit des hommes, retentissent au cœur et changent sa constitution naturelle, ses contractions et ses autres fonctions. Il ne faut pas trouver étonnant que ce qui, dans le foyer central, altère l'alimentation et affaiblit les forces, engendre rapidement, dans les membres et dans le corps, différentes maladies incurables, puisque alors tout le corps souffre de cette altération de nutrition et de ce défaut de chaleur naturelle du foyer central.

De plus, comme tous les animaux vivent des aliments qu'ils élaborent dans leur intérieur, il faut que cette élaboration et cette distribution soient intactes, ainsi que l'organe central où elles s'opèrent, pour que les aliments digérés se répandent dans tout le corps. Or cette élaboration se fait dans le cœur. Seul de tous les organes, il contient le sang non seulement dans l'artère et la veine coronaires pour sa nutrition propre, mais dans ses cavités, ventricules et oreillettes, qui sont des réservoirs pour le sang de tout le corps. Tous les autres organes, au contraire, n'ont de vaisseaux que pour eux-mêmes. Ainsi par sa situation et sa disposition le cœur seul, en se contractant, distribue le sang dans toutes les parties, selon le volume des artères, qui est proportionnel aux parties qu'elles nourrissent, et, comme une source bienfaisante, il verse dans toutes les parties du corps la quantité de sang qu'elles exigent.

En outre, pour cette dispersion et ce mouvement du sang, il faut une impulsion violente et un moteur tel que le cœur. Alors, comme le sang tend à revenir à son point de départ, ainsi que la partie au tout, ainsi que la goutte d'eau répandue sur une table à la masse totale, il revient facilement au centre ; et ce mouvement est favorisé et rendu

plus rapide par les plus légères causes, le froid,
la crainte, l'épouvante et les émotions semblables:
continuant sa route, il passe des veines capillaires
dans les ramuscules veineux, et de là dans des veines plus grandes ; son cours étant rendu plus facile par les mouvements et la compression qu'exer-
cent les muscles. Il se meut donc alors de la circonférence au centre plus facilement qu'en sens
contraire. Mais, pour qu'il quitte le foyer central
(et les valvules ne lui opposent aucun obstacle),
pour qu'il aille dans les parties froides et resserrées, et qu'il se meuve contre ses affinités naturelles, le sang a besoin d'une impulsion violente.
Or cette impulsion ne peut être donnée que par le
cœur, comme nous l'avons dit.

CHAPITRE XVI

LA CIRCULATION DU SANG PROUVÉE
PAR LES CONSÉQUENCES QU'ELLE ENTRAINE

Il y a encore des problèmes qui sont comme la conséquence de la vérité de la circulation. Ils ne sont point inutiles pour y faire croire et leur démonstration est comme un argument « a posteriori ». Ainsi, pour un grand nombre de sujets encore très obscurs, on peut trouver dans la circulation du sang leur cause et leur raison d'être.

Nous voyons que pour toute contagion, blessure empoisonnée, morsure d'un serpent ou d'un chien enragé, mal vénérien ou lésion quelconque analogue, dès qu'une partie seulement a été atteinte, bientôt toute l'économie est infectée. Dans le mal vénérien, par exemple, nous voyons quelquefois que, sans lésions aux parties génitales, le mal débute par des douleurs dans les épaules, dans la tête ou par d'autres symptômes : quoique la morsure faite par un chien enragé ait été guérie, nous avons vu survenir la fièvre et les autres effrayants symptômes de la rage. Il est évident que le principe de la contagion qui a atteint une petite partie du corps est porté au cœur avec le sang qui y retourne, et de là peut infecter tout le corps. Dans la fièvre tierce, le principe morbide gagne d'abord le cœur, s'arrête ensuite autour du cœur et autour des poumons, et rend les malades essoufflés, haletants et faibles ; car le principe vital est frappé, et le sang s'amasse et s'épaissit dans les poumons, sans pouvoir les traverser. J'en parle par expérience, ayant pu disséquer des sujets morts dès le premier accès. Le pouls est fréquent et petit, quelquefois irrégulier. Mais plus tard la chaleur s'accroît, la matière diminue, les voies deviennent libres, et le sang passe facilement : alors tout le corps s'enflamme ; le pouls devient plus fort et plus violent ; la fièvre est à son paroxysme. Cette chaleur extraordinaire a pris naissance dans le cœur : de là elle se répand par les artères dans tout le corps, avec le principe morbide qui est ainsi éliminé et détruit par la nature.

C'est aussi pourquoi les médicaments appliqués à l'extérieur agissent comme si on les absorbait. La coloquinte et l'aloès relâchent le ventre ; les cantharides excitent la sécrétion des urines ; l'ail appliqué à la plante des pieds fait expectorer ; les cordiaux donnent de la vigueur ; et il y a une infinité d'autres faits de même nature. N'est-il pas raisonnable de dire que les veines absorbent par leurs orifices les substances qu'on applique sur la peau et les introduisent dans le sang, de même que, dans le mésentère, puisant le chyle dans les intestins, elles l'amènent au foie avec le sang ?

Dans le mésentère, le sang va aux intestins par les artères cœliaques et les grande et petite mésentériques. De là il retourne au hile du foie avec le chyle qui est attiré dans les veines par les ramifications innombrables de ces veines; en sorte que le sang qui va de ces veines dans la veine cave a la même couleur et la même consistance que celui des autres veines, contrairement à l'opinion de beaucoup de savants ; il ne faut pas regarder comme invraisemblables, dans les capillaires mésentériques, ces deux mouvements contraires du chyle en haut, du sang en bas. Peut-être ce fait est-il dû à la bienfaisante providence de la nature ? En effet, si le chyle qui n'est pas élaboré se mêlait en parties égales au sang qui est parfaitement constitué, on n'aurait pas la transformation intime et la sanguification du chyle, mais bien plutôt un mélange entre l'élément actif et l'élément passif, comme ce mélange qu'on obtient en ajoutant du vin à de l'eau ou de l'oxycrat. Mais, comme le chyle ne se mélange au sang qui s'écoule qu'en quantité très petite, la vivification du chyle peut ainsi s'opérer plus facilement, comme l'a dit Aristote : de même qu'en ajoutant une goutte d'eau à un tonneau de vin, ou réciproquement, on ne produit pas un mé-

lange, mais on a en réalité de l'eau ou du vin, ainsi,
en ouvrant les veines mésaraïques, on ne voit pas
du chyme ou du chyle ou du sang confondus ou sé-
parés ; mais par sa couleur et sa constitution, ce
sang est sensiblement identique au sang des autres
veines. Il s'y trouve cependant, sans qu'on puisse
le distinguer, un peu de chyle qui n'est pas encore vivifié. C'est à cet effet que la nature a placé
le foie sur son passage, afin que, dans les méan-
dres de cet organe, le cours du chyle soit re-
tardé et que sa transformation soit complète. Ainsi
il n'arrive pas au cœur trop tôt et sans être
élaboré, ce qui entraverait le principe de la vie.
Aussi chez l'embryon le foie n'a presque aucun
usage. La veine ombilicale le traverse sans subir
de changement, et il y a au hile de foie une ouverture ou une anastomose pour que chez le fœtus
le sang qui revient des intestins ne passe pas par
le foie, mais par la dite veine ombilicale, pour aller ensuite au cœur, avec le sang de la mère et du
placenta : c'est pourquoi, sur un fœtus jeune,
on ne peut pas encore voir le foie. Nous-mêmes,
sur un fœtus humain, nous avons clairement vu
tous les membres bien indiqués, et même les organes génitaux tout à fait distincts, tandis que les
éléments du foie existaient à peine. Tant que les
membres, comme le cœur lui-même au début de
son existence, sont encore tout blancs et n'ont de
coloration que dans leurs veines, on ne voit à la
place du foie qu'un amas informe de sang qui est

comme extravasé ; en sorte qu'on pourrait croire à une contusion ou à la rupture d'une veine.

Il y a dans l'œuf comme deux vaisseaux ombilicaux : l'un vient de l'albumen et, traversant le foie sans y subir de changements, va droit au cœur : l'autre va du jaune à la veine porte. Dans l'œuf c'est l'albumen qui constitue et nourrit le petit ; mais c'est le vitellus, lorsque l'animal est plus perfectionné et qu'il est sorti de l'œuf. En effet, beaucoup de jours après que le poulet est sorti de l'œuf, on peut encore retrouver le vitellus dans le ventre au milieu des intestins qui l'entourent ; en sorte que le vitellus joue le même rôle que le lait chez les autres animaux. Mais ces questions seront plus à leur place dans nos observations sur la formation du fœtus, et nous pourrons nous poser beaucoup de problèmes de ce genre. Pourquoi telle partie a-t-elle été créée et achevée d'abord? Pourquoi telle autre ensuite ? Et, pour les membres, quelle partie a été la cause de l'autre ? Et pour le cœur que de questions ! Ainsi pourquoi (Aristote, « De partibus anim. » III) le cœur a-t-il reçu dès l'abord une consistance si grande ? Pourquoi paraît-il avoir la vie, le mouvement et le sentiment avant qu'une partie quelconque du corps soit achevée ? Et de même pourquoi le sang précède-t-il tous les organes ? Pourquoi porte-t-il le principe de la vie et de l'être ? Pourquoi a-t il besoin d'être mis en mouvement et poussé en divers sens ? C'est pour ce mouvement du sang que le cœur a été fait.

De même pour le pouls, pourquoi y a-t-il un pouls qui indique la mort, et un autre qui indique la vie? Pourquoi l'étude de leurs diverses formes nous indique-t-elle les causes et les présages des maladies? et que signifient-elles ?

Il en est de même pour les crises, pour les purgations naturelles, pour la nutrition, pour la répartition des aliments et pour toute congestion.

Enfin, dans toutes les parties de la médecine, physiologie, pathologie, séméiotique, thérapeutique, que de problèmes peuvent être résolus à l'aide de cette vérité et de cette lumière ! que de doutes peuvent être aplanis ! que d'obscurités élucidées ! En repassant tout cela dans mon esprit, je trouve un vaste champ que je pourrais parcourir, et où je pourrais m'étendre au point que cette œuvre dépasserait bientôt, malgré moi, les dimensions de ce volume. Mais peut-être la science me manquerait-elle pour l'achever.

Je me contenterai ici (voyez le chapitre suivant), par une comparaison anatomique de leur constitution, d'assigner au cœur et aux artères leurs vraies fonctions et leurs vraies causes. De quelque côté que je me tourne, je trouve une grande quantité de faits qui sont éclairés par cette vérité et qui la rendent plus évidente. C'est pourquoi je voudrais avant tout la voir confirmée et agrandie par les arguments anatomiques.

Parmi nos observations, il en est une qu'il ne sera pas déplacé, je crois, de rapporter ici. Elle a trait

aux fonctions de la rate. A la partie supérieure de
la veine splénique qui va au pancréas, naissent les
veines coronaire gastrique et gastroépiploïque,qui
se distribuent à l'estomac, comme les veines mésaraïques à l'intestin, par une grande quantité de ramifications. De la partie inférieure de cette veine
splénique part la veine hémorrhoïdale qui va jusqu'au colon et au rectum. Ainsi cette veine splénique reçoit, d'une part, le suc de l'estomac, suc im-
parfait, aqueux et léger, dont la chylification est
incomplète, d'autre part, le sang épais et grossier
qui vient des fèces. Ces éléments si différents se
trouvent convenablement tempérés par un tel mélange, et la nature a ajouté à ces deux sucs, d'une
élaboration si difficile, malgré leur nature si dis-
semblable, une grande quantité de sang très chaud
et qui vient en abondance de la rate nourrie par
une multitude d'artères. Elle les envoie au foie
mieux préparés, et corrige et compense par cette
disposition le défaut de ces deux extrêmes.

CHAPITRE XVII

CONFIRMATION DU MOUVEMENT ET DE LA CIRCULATION
DU SANG PAR CE QUE NOUS VOYONS DANS LE CŒUR,
ET PAR LES OBSERVATIONS ANATOMIQUES.

Le cœur n'est pas chez tous les animaux un organe distinct et séparé : car il est des êtres à la
fois végétaux et animaux qui n'ont pas de cœur.
Ils sont froids, de petites dimensions, et mollasses,
avec une constitution analogue à celle du genre des
vers et des lombrics, ainsi que des nombreux animaux, sans forme bien arrêtée, qui naissent des
matières en putréfaction ; ceux-là n'ont point de
cœur, et ils n'ont pas besoin d'un agent moteur
pour porter les aliments aux extrémités du corps.
En effet, ils ont un corps articulé, formant un tout
sans membres distincts. C'est par la contraction
et les mouvements de leur corps tout entier qu'ils
prennent, qu'ils rejettent et qu'ils agitent en tous

sens leurs aliments. Les animaux-plantes, tels que les huîtres, moules, éponges, et tous les genres de zoophytes, n'ont pas de cœur. Leur corps en tient lieu, et l'animal tout entier n'est pour ainsi dire qu'un cœur.

Les dimensions exiguës de presque tous les insectes nous empêchent de bien les connaître. Cependant chez les abeilles, les mouches, les crabes, on peut quelquefois, à l'aide d'une loupe, voir une sorte de pulsation. On peut aussi dans leur pédicule, par où l'aliment va aux intestins, à l'aide d'une loupe grossissante, quand le corps de l'animal est transparent, voir clairement comme une tache noire. Chez les animaux exsangues et froids comme les limaçons, les coquillages, les squilles, les crustacés, il y a un organe pulsatile, analogue à une vésicule ou à une oreillette sans ventricule. Les intervalles de ces pulsations et de ces contractions sont assez longs ; on ne peut les apercevoir qu'en été et par un temps très chaud.

Voici commment se comporte cet organe. Chez ces animaux, la variété organique des parties et la densité de leur substance exigent un moteur pour la distribution des aliments : les pulsations sont peu fréquentes ; quelquefois elles disparaissent complètement à cause du froid, selon ce qui convient à leur nature mal déterminée. Ainsi il y a des moments où ils paraissent vivre, il y en a d'autres où ils paraissent mourir, étant tantôt comme des animaux, tantôt comme des plantes. C'est ce qui

7

arrive aux insectes. En hiver, ils se retirent et se cachent comme s'ils étaient morts, menant tout à fait la vie des plantes ; mais on peut douter avec raison qu'il en soit ainsi pour quelques animaux qui ont du sang, comme les grenouilles, les tortues, les serpents, les sangsues.

Chez les animaux plus grands, plus chauds, ayant du sang, il faut un moteur pour la nutrition, et une force plus grande est nécessaire. C'est pourquoi les poissons, les serpents, les lézards, les tortues, les grenouilles et autres animaux de cette espèce ont une seule oreillette et un seul ventricule : il est donc très juste de dire (Aristote, « De partibus anim.,» III) qu'aucun animal ayant du sang ne manque de cœur. La contraction du cœur rend l'être plus fort et plus vigoureux, et non seulement l'oreillette met les sucs nutritifs en mouvement, mais elle les envoie au loin avec rapidité.

Les animaux plus grands, plus chauds et plus perfectionnés, riches en sang plus chaleureux et plus spiritueux, ont besoin d'un cœur charnu et robuste pour chasser les sucs nutritifs avec plus de force, de rapidité et d'impétuosité dans un corps volumineux et dense de tissu.

De plus, les animaux plus parfaits, qui ont besoin d'un aliment plus parfait et d'une chaleur naturelle plus abondante, devaient avoir, pour mieux digérer l'aliment et le mener à sa perfection dernière, des poumons, et un second ventricule pour envoyer les sucs nutritifs dans les poumons.

Ainsi les animaux qui ont des poumons ont aussi deux ventricules, un droit et un gauche. Et, quand il y a un ventricule droit, il y a aussi un ventricule gauche : au contraire, il peut y avoir un ventricule gauche sans ventricule droit. Je les appelle ainsi suivant leurs fonctions et non la position qu'ils occupent. Le ventricule gauche chasse le sang dans tout le corps, et non dans les poumons seulement. Donc c'est le ventricule gauche qui semble constituer le cœur: il est placé au centre; les colonnes charnues sculptées dans ses cavités sont plus élevées, et il est disposé avec plus de perfection que les autres parties. Il semble donc que le cœur ait été fait pour le ventricule gauche. Le ventricule droit est pour ainsi dire le serviteur du ventricule gauche, il n'arrive pas jusqu'à la pointe du cœur : il a une épaisseur trois fois moindre et il est séparé du ventricule gauche par une sorte d'articulation, comme l'avait vu Aristote. Mais il a une capacité plus grande, car il doit non seulement contenir le sang qui passera par le ventricule gauche, mais encore nourrir les poumons.

Notons qu'il en est autrement chez l'embryon et qu'il n'y a pas une telle différence entre les ventricules ; ils sont, comme deux noyaux dans une amande, presque égaux, et le cône ou ventricule droit atteint le sommet du ventricule gauche. Le cœur paraît être là comme un cône à double pointe. D'ailleurs, chez les embryons, comme nous l'avons déjà dit, le sang ne va pas traverser les poumons,

mais passe du ventricule droit au ventricule gauche. Tous deux communiquent par le trou ovale et
le canal artériel, ainsi que nous l'avons dit ; ils ont
tous deux pour fonction de ramener le sang de la
veine cave dans la grande artère et de le lancer
dans tout le corps ; de là leur disposition identique. Mais que le moment vienne où le poumon doit
fonctionner et où les susdites communications doi-
vent se fermer, alors la différence entre la force
et les propriétés des deux ventricules commence à
s'établir, car le ventricule droit ne lance le sang
que dans les poumons, tandis que le ventricule gauche le lance dans tout le corps.

En outre, il y a dans le cœur des petits bras, pour
ainsi dire, et des languettes charnues, et beaucoup
de nodosités fibreuses, qu'Aristote (De respirat. et
De partibus animal., III) appelle des nerfs. Il en est
qui se tendent séparément de diverses manières,
il en est d'autres qui sont cachés dans les parois
et la cloison du cœur comme de petits muscles. Ils
sont destinés à donner au sang une impulsion plus
forte et plus vigoureuse, et à faciliter la constriction du cœur : leur présence est un auxiliaire utile
à l'expulsion totale du sang. Ainsi que l'ingénieux
et savant artifice des cordages des navires, ils ai-
dent le cœur à contracter toutes ses parties, de
sorte que le sang se trouve chassé des ventricules
plus complètement et avec plus de vigueur.

Cette fonction est d'autant plus évidente que
chez certains animaux ils existent, que chez d'au-

tres ils sont très petits, et que chez d'autres encore
ils font défaut. Chez tous ceux qui en ont, ils sont
plus nombreux et plus forts dans le ventricule gauche que dans le ventricule droit ; chez certains animaux, il y en a dans le ventricule gauche, alors qu'il
n'y en a pas dans le ventricule droit ; chez l'homme
il y en a plus dans le ventricule gauche que dans
le droit, plus dans les ventricules que dans les oreillettes. Ils sont nombreux chez les individus forts
et bien musclés, habitués aux durs travaux des
champs, plus rares chez les femmes au corps délicat.

Chez les animaux dont les ventricules du cœur
sont faibles, ces fibres, ces petits bras, ces trabé-
cules qui sillonnent le cœur manquent ; ainsi chez
presque tous les petits oiseaux, les serpents, les
grenouilles, les tortues et autres animaux de cette
nature, comme chez la perdrix, la poule, et également chez la plus grande partie des poissons, on
ne trouve pas ces sortes de nerfs que nous avons
appelés fibres, non plus que des valvules tricuspides
dans les ventricules. Chez certains animaux, le
ventricule droit est faible : le ventricule gauche a
des nodosités fibreuses chez l'oie, le cygne et les
plus gros oiseaux. La raison de cette différence est
la même que partout ailleurs : les poumons étant
spongieux et mous, le sang peut y arriver plus facilement et n'a pas besoin d'une si grande force
d'impulsion. C'est pourquoi les fibres manquent
dans le ventricule droit, ou sont moins nombreuses,

plus faibles, moins charnues, moins musculaires. Celles du ventricule gauche, au contraire, sont plus robustes, plus nombreuses, plus charnues, plus musculaires, le ventricule gauche ayant besoin d'une plus grande force et d'une plus grande puissance pour lancer plus loin le sang dans toutes les parties du corps.

Aussi le ventricule gauche tient-il le milieu du cœur : ses parois sont trois fois plus épaisses et plus robustes que celles du ventricule droit. C'est pourquoi, chez les animaux comme chez l'homme, quand les chairs sont épaisses, dures et solides, quand les extrémités des membres sont charnues, vigoureuses et plus éloignées du cœur, le cœur est fibreux, épais, robuste et musculaire. Cette disposition n'est-elle pas évidemment nécessaire ? Au contraire, quand la texture des tissus est plus légère et mollasse, quand la corpulence est moindre, le cœur est plus flasque, plus mou, et ses cavités contiennent peu ou point de fibres et de nerfs.

Considérons l'usage des valvules sigmoïdes qui sont destinées à empêcher le sang envoyé dans les artères de revenir dans les ventricules du cœur. Elles sont placées à l'orifice de la veine artérieuse et de l'aorte, et forment, lorsqu'elles s'élèvent et se réunissent, une ligne triangulaire analogue aux traces d'une morsure de sangsue. Elles s'appliquent étroitement l'une contre l'autre pour empêcher le reflux du sang.

Les valvules tricuspides sont placées à l'entrée

de la veine cave et de l'artère veineuse, comme des gardiens, pour empêcher le sang de revenir en arrière après qu'il a été chassé par les ventricules. C'est pourquoi il n'y en a pas chez tous les animaux, et, chez ceux qui en ont, elles ne paraissent pas disposées par la nature avec le même soin, mais sont plus resserrées chez les uns, plus lâches et plus imparfaites chez les autres, selon que la contraction du ventricule qui les ferme est plus ou moins forte. Dans le ventricule gauche, pour que l'occlusion reste complète malgré la violence de l'impulsion ; il y a comme deux mitres qui, en se fermant, s'appliquent exactement l'une contre l'autre et descendent en forme de cône jusqu'au milieu du cœur. C'est ce qui a peut-être trompé Aristote, qui, en faisant une coupe transversale de ce ventricule, l'a cru double. Le sang ne revient donc pas dans l'artère veineuse, et la force du ventricule gauche ne se perd pas, mais va se répandre dans tout le corps. Aussi les valvules mitrales surpassent en grandeur et en force les valvules du ventricule droit, et ferment plus exactement le passage au retour du sang. Il suit de là qu'on ne peut voir de cœur sans un ventricule, lequel est nécessairement un réceptacle et une cavité destinée à recevoir le sang. Cela est vrai, en général, pour le cerveau. En effet, presque toutes les espèces d'oiseaux n'ont aucun ventricule dans le cerveau, comme on le voit clairement chez l'oie et le cygne, dont le cerveau est presque aussi grand que celui du lapin. Quoique le lapin ait des ventricules dans le cerveau, cependant l'oie n'en a pas.

Toutes les fois que le cœur n'a qu'un ventricule, il n'y a qu'une seule oreillette flasque, mince, creuse, et remplie de sang. Quand il y a deux ventricules, il y a deux oreillettes. Au contraire, certains animaux n'ont pas de ventricule, mais une oreillette, ou du moins une vésicule analogue à une oreillette, ou une veine dilatée à cette place même, qui a des pulsations, comme on le voit chez les crabes, les abeilles et autres insectes. Et je crois pouvoir démontrer par des expériences que non seulement leur cœur se contracte, mais encore qu'ils respirent dans cette partie de leur corps qu'on appelle queue. Elle s'allonge et se contracte plus ou moins fréquemment suivant qu'ils sont plus ou moins essoufflés et manquent d'air. D'ailleurs nous traiterons ces questions en étudiant la respiration. De même il est évident que les oreillettes ont des pulsations et qu'en se contractant (ainsi que je l'ai dit), elles lancent le sang dans les ventricules. Partout donc où il y a un ventricule, il faut une oreillette ; non seulement, comme on le croit en général, pour qu'il y ait un réceptacle et une cavité au sang (pourquoi, en effet, aurait-elle des pulsations si elle était simplement destinée à retenir le sang?), mais parce que les oreillettes sont les premiers moteurs du sang, surtout l'oreillette droite, qui vit la première, qui meurt la dernière (comme nous l'avons dit), et qui est nécessaire pour lancer le sang dans le ventricule placé au-dessous. Alors le ventricule, en se contractant, lance le sang qui y est envoyé plus facilement et avec plus de force, comme, dans les jeux de paume, on lance la balle plus loin et plus fort par le rebondissement que par une simple projection. Cette opinion est contraire à l'opinion vulgaire, mais en réalité ni le cœur, ni aucune autre partie du corps ne peut se distendre et attirer à lui par sa diastole autrement que comme une éponge, qui, comprimée par force, revient ensuite à son premier état. Chez les animaux tous les mouvements se font d'abord localement et commencent par la contraction d'une partie quelconque. Aussi le sang est chassé dans les ventricules par la contraction des oreillettes, comme je l'ai montré, et de là est lancé et poussé dans le corps par la contraction des ventricules.

Quant au mouvement local et au principe immédiat du mouvement dans les actes de tous les animaux, peut-être est-ce l'esprit moteur, comme le dit Aristote dans son livre « De spiritu » et ailleurs, qui devient contractile, de même que νεῦρον vient de νεύω (je plie, je contracte).

Aristote a connu les muscles, mais non leurs fonctions, en rapportant tous les mouvements des animaux aux nerfs aussi bien qu'à la substance contractile, et en appelant nerfs les languettes du cœur; si j'avais ici à démontrer la nature des organes moteurs des animaux et la constitution des muscles, je pourrais le faire d'après mes observations.

Mais poursuivons l'étude que nous nous sommes proposée, et étudions la fonction des oreillettes qui remplissent de sang les ventricules, comme nous l'avons dit plus haut. Plus le cœur est gros et compact, plus ses parois sont épaisses, plus les oreillettes ont de vigueur musculaire pour chasser le sang dans les ventricules et les remplir. Quand le cœur est délicat, au contraire, les oreillettes apparaissent sous la forme d'une vésicule sanguine et d'une membrane pleine de sang. Il en est ainsi chez les poissons. La vésicule qui est à la place de l'oreillette est si mince et si grande qu'elle paraît se déplacer au-dessous du cœur. Chez quelques poissons, elle est plus charnue, et alors elle imite et représente parfaitement bien les poumons comme chez le cyprin, la barbue, la tanche et autres poissons.

Chez certains sujets vigoureux et habitués aux travaux pénibles, j'ai trouvé l'oreillette droite si forte qu'elle m'a paru dépasser la force de certains ventricules, et admirablement organisée par ses petites languettes, par la disposition variée de ses fibres, et je m'étonnais des variétés considérables qu'on peut observer selon les individus.

Remarquons que chez le fœtus les oreillettes sont relativement bien plus grandes, car leur existence est antérieure à celle du cœur, et avant qu'il remplisse ses fonctions, ainsi que nous l'avons dit, elles font pour ainsi dire l'office de cœur.

Mais ce que j'ai observé dans la formation du fœtus, ce que j'ai rapporté plus haut et ce qu'Aristote a vu dans l'œuf, tout cela jette sur cette question beaucoup de lumière. Tant que le fœtus est comme un ver mou et pour ainsi dire laiteux, il n'y a qu'un seul point sanguin ou une vésicule pulsative, qui est comme le début de la veine ombilicale dilatée à sa base. Quand les traits du fœtus commencent à se dessiner, et qu'il prend une consistance plus ferme, cette vésicule devient plus charnue et plus vigoureuse, et se transforme, changeant sa constitution en oreillettes, au-dessous desquelles le cœur commence à croître, mais sans remplir aucun usage dans l'économie. Lorsque le fœtus est formé, que les os se distinguent des muscles, et que l'animal complet commence à se mouvoir dans le sein de sa mère, alors il a aussi un cœur qui commence à battre, et, ainsi que je l'ai dit, les deux ventricules envoient le sang de la veine cave dans l'artère aorte. Ainsi la divine et parfaite nature, ne faisant rien en vain, n'a pas donné de cœur aux animaux qui n'en avaient pas besoin, et ne l'a pas créé avant que ses fonctions n'aient été nécessaires. Passant toujours par les mêmes degrés, chaque animal se forme en traversant pour ainsi dire les différentes organisations de l'échelle animale, devenant tour à tour œuf, ver, fœtus, et dans chacune de ces phases, arrivant à

(1) Voici dans quels termes Harvey s'exprime sur cette théorie qui a été depuis si féconde : « Sed iisdem gradibus in fractione cujuscumque animalis, transiens per omnium animalium constitutiones, ut ita dicam, ovum, vermem, fœtum, perfectionem in singulis acquirit. »

la perfection. Quand nous parlerons de la formation du fœtus, nous confirmerons cette idée par beaucoup d'observations.

Enfin c'est avec raison qu'Hippocrate, dans son livre du cœur, proclame que le cœur est un muscle : car son action et sa fonction sont les mêmes que celles des muscles: il se contracte et produit des mouvements, mouvements du sang qu'il contenait.

De plus, la constitution des fibres et leur disposition motrice permettent de considérer l'action du cœur et ses usages comme analogues à ceux des muscles, et tous les anatomistes ont noté avec Galien que le cœur avait des fibres disposées en sens divers, fibres droites, fibres transversales, fibres obliques, mais que, dans l'effort du cœur, on pouvait voir changer la direction de ces fibres. En effet, dans les parois et dans la cloison, toutes les fibres sont circulaires, comme celles des sphincters; celles au contraire qui sont dans les languettes des ventricules sont obliques en longueur : or, quand toutes les fibres se contractent, la pointe du cœur est attirée à la base par ces languettes charnues ; les parois se contractent circulairement, et le cœur, par cette contraction locale resserre ses ventricules, et cette action contractile a pour but de lancer le sang dans les artères.

Il faut aussi approuver ce que dit Aristote sur la force régulatrice du cœur. Reçoit-il du cerveau le sentiment et le mouvement ? reçoit-il le sang du foie ? est-il le principe des veines, du sang, etc. ?

Ceux qui veulent soutenir cette opinion oublient un fait fondamental, c'est que le cœur existe avant toute autre partie, et qu'il a en lui le sang, la vie, le sentiment, le mouvement, avant que le cerveau et le foie existent et apparaissent distinctement, avant qu'ils aient pu remplir une fonction quelconque. Avec son organisation, disposée en vue du mouvement, le cœur est comme un être intérieur qui préexiste à tous les organes. Une fois qu'il existe, l'animal tout entier peut être créé, nourri, conservé, et perfectionné par lui, comme si la nature avait voulu qu'il fût à la fois l'œuvre et le réceptacle du cœur. Ainsi le cœur, comme le chef de l'Etat, a le souverain pouvoir et gouverne partout. C'est de lui que naît l'être ; c'est de lui que dépend et que dérive le principe de toute puissance.

L'étude des artères confirme et éclaire cette vérité. Pourquoi l'artère veineuse n'a-t-elle pas de pulsations, quoique on la range parmi les artères? Pourquoi sent-on le battement de la veine artérieuse? C'est que le pouls des artères tient à l'impulsion du sang lancé par le cœur. Si les artères par leurs parois épaisses et résistantes diffèrent tant des veines, c'est qu'elles ont à soutenir l'effort du cœur et le jet de sang qu'il leur lance.

Comme la nature, dans sa perfection, ne fait rien en vain et suffit à tout, plus les artères sont proches du cœur, plus elles diffèrent de la constitution des veines, et plus elles sont fortes et fibreuses; mais dans leurs dernières ramifications, comme à la main, au pied, au cerveau, au mésentère, aux testicules, elles ont une structure tellement semblable qu'on peut difficilement les distinguer l'une de l'autre par le simple examen de leurs parois. Ces faits sont bien explicables, car plus les artères sont éloignées du cœur, moins elles sont ébranlées par le choc qui se disperse dans une grande étendue. Ajoutons que l'impulsion du cœur, qui avait dû suffire au sang dans tous les troncs artériels et dans leurs rameaux, diminue en se disséminant dans toutes les petites ramifications des artères.

Cela est si vrai que les dernières ramifications capillaires des artères paraissent des veines, non seulement par leur structure, mais par leurs usages ; en effet, elles n'ont pas de pouls sensible, et, si elles en ont, c'est que le cœur bat avec violence, ou qu'il y a en un point une petite artériole plus dilatée et plus ouverte : c'est ce qui fait que dans les dents, dans les tumeurs, dans les doigts, tantôt nous pouvons sentir le pouls, tantôt nous ne le pouvons pas. Aussi ai-je remarqué que chez les enfants, dont les pulsations sont fréquentes et accélérées, c'est le seul signe certain de fièvre. Il en est ainsi pour les individus faibles et délicats. En comprimant les doigts, alors que la fièvre était dans toute son intensité, je pouvais facilement sentir le pouls.

Réciproquement, quand le cœur bat faiblement, on ne peut plus sentir le pouls, non seulement dans les doigts, mais encore au poignet et à la tempe, comme dans la lipothymie, les affections hystériques et l'asphyxie, chez les malades affaiblis qui vont mourir.

Il y a une cause d'erreur dont il faut prévenir les chirurgiens. Dans les amputations, l'incision des tumeurs charnues et les blessures, le sang, quand il sort d'une artère, jaillit avec force ; mais il n'en est pas toujours ainsi, car les petites artères n'ont pas de pulsations, surtout si elles ont été comprimées plus haut par une ligature.

Si la veine artérieuse a non seulement une structure et des parois identiques à celles des artères, et si cependant elle ne diffère pas tant que l'aorte de la structure des veines, la raison en est la même: l'aorte reçoit l'impulsion du ventricule gauche, plus forte que celle du ventricule droit, et les tuniques de ce vaisseau sont d'autant plus faibles par rapport à celles de l'aorte, que les parois et le tissu du ventricule droit sont plus faibles par rapport au ventricule gauche ; d'ailleurs, autant les poumons s'éloignent, par leur structure spongieuse, de la consistance du corps et des chairs, autant la tunique de la veine artérieuse diffère de celle de l'aorte. Et tous ces organes conservent partout les mêmes proportions : plus les individus sont vigoureux, fortement musclés, habitués aux durs travaux, plus le cœur est robuste, épais, dense et fibreux, plus les oreillettes et les artères ont d'épaisseur et de force, mais toujours il y a entre ces organes les mêmes proportions.

Les animaux dont les ventricules sont légers, sans villosités, sans valvules, aux parois minces, comme les·poissons, les oiseaux, les serpents et la plupart des espèces animales, ont des artères qui diffèrent peu ou point des veines, pour l'épaisseur de leurs parois.

Si les poumons possèdent des vaisseaux aussi considérables que la veine et l'artère pulmonaires (le tronc de l'artère veineuse est plus gros que celui de toutes les autres veines, fémorale, jugulaire, etc.), et s'ils sont gorgés de tant de sang, comme des expériences et des autopsies nous l'ont appris (et, selon le conseil d'Aristote, nous ne nous somme pas laissé abuser par l'examen de ces vaisseaux chez les animaux morts d'hémorrhagie), c'est que les poumons et le cœur sont l'origine, la source et le trésor du sang, qui s'y élabore et s'y perfectionne.

Pareillement, si nous voyons dans les dissections anatomiques l'artère veineuse et le ventricule gauche gorgés d'une si grande quantité de sang, et du même sang que dans le ventricule droit et la veine artérieuse, noir et en grumeaux, c'est que le sang traversant les poumons va continuellement d'un ventricule à l'autre. Si la veine dite artérieuse a en général la structure d'une artère, et si l'artère dite veineuse a la structure d'une veine, c'est qu'en réalité, par leurs usages et leurs dispositions, elles sont, l'une une artère, l'autre une veine, contrairement à l'opinion vulgaire. Et si la veine artérieuse a un aussi large orifice, c'est qu'elle contient bien plus de sang qu'il n'en faut pour nourrir les poumons.

Tous ces phénomènes que j'ai observés en disséquant, ainsi que beaucoup d'autres qu'il faudrait développer avec talent, peuvent éclairer et confirmer la vérité de ce que nous avons exposé plus haut, et contredire les idées généralement reçues. Mais il me semble qu'il serait bien difficile de les expliquer autrement que nous l'avons fait.

TABLE DES MATIÈRES

Pages.

Chapitre I. — Des raisons qui ont poussé l'auteur à écrire ce livre 11

Chapitre II. — Des mouvements du cœur d'après les vivisections. 14

Chapitre III. — Des mouvements des artères d'après les vivisections 19

Chapitre IV. — Des mouvements du cœur des oreillettes d'après les vivisections. 23

Chapitre V. — Du mécanisme et des usages des mouvements du cœur. 32

Chapitre VI. — Des voies par lesquelles le sang passe de la veine cave dans les artères ou du ventricule droit dans le ventricule gauche. 39

Chapitre VII. — Le sang passe du ventricule droit dans les poumons et de là dans la veine pulmonaire et le ventricule gauche 48

Chapitre VIII. — De la quantité de sang qui passe par le cœur, des veines dans les artères, et du mouvement circulaire du sang   56

Chapitre IX. — Démonstration de la circulation du sang par la confirmation de la première hypothèse.   60

Chapitre X. — La première hypothèse sur la circulation du sang, fondée sur la quantité du sang qui passe des veines dans les artères, est confirmée par des expériences; et les objections qu'on lui avait opposées sont réfutées .   68

Chapitre XI. — Confirmation de la seconde hypothèse. .   72

Chapitre XII. — La confirmation de la seconde hypothèse démontre la circulation du sang.   82

Chapitre XIII. — Confirmation de la troisième hypothèse qui démontre la circulation du sang.   86

Chapitre XIV. — Conclusion de la démonstration de la circulation du sang.   94

Chapitre XV. — La circulation du sang confirmée par les vraisemblances.   96

Chapitre XVI. — La circulation du sang prouvée par les conséquences qu'elle entraîne.   101

Chapitre XVII. — Confirmation du mouvement de la circulation du sang par ce que nous voyons dans le cœur, et par les observations anatomiques   108

Paris. — Typ.-Lit. A.-M. Beaudelot, 16, rue de Verneuil.

www.ingramcontent.com/pod-product-compliance
Lightning Source LLC
LaVergne TN
LVHW021835170726
843503LV00003B/936